# BIBLIOTECAS PÚBLICAS, NUEVAS TECNOLOGÍAS DE LA INFORMACIÓN:

## IMPACTO EN EL PERSONAL BIBLIOTECARIO

# BIBLIOTECAS PÚBLICAS, NUEVAS TECNOLOGÍAS DE LA INFORMACIÓN:

## IMPACTO EN EL PERSONAL BIBLIOTECARIO

DRA. DAMALIN JUDITH DÍAZ SUÁREZ

| Número de Control de la Biblioteca del Congreso de EE. UU.: | | 2013901507 |
| --- | --- | --- |
| ISBN: | Tapa Dura | 978-1-4633-5015-4 |
| | Tapa Blanda | 978-1-4633-5014-7 |
| | Libro Electrónico | 978-1-4633-5016-1 |

Este libro fue impreso en los Estados Unidos de América.

**Para realizar pedidos de este libro, contacte con:**
Palibrio
1663 Liberty Drive
Suite 200
Bloomington, IN 47403
Gratis desde EE. UU. al 877.407.5847
Gratis desde México al 01.800.288.2243
Gratis desde España al 900.866.949
Desde otro país al +1.812.671.9757
Fax: 01.812.355.1576
ventas@palibrio.com
444826

# ÍNDICE

## CAPÍTULO 3

## PERSONAL BIBLIOTECARIO ANTE LAS NUEVAS TECNOLOGÍAS DE LA INFORMACIÓN

## CAPÍTULO 4

## LA SOCIEDAD DE LA INFORMACIÓN

## CAPÍTULO 5

## NECESIDADES DE LAS BIBLIOTECAS PÚBLICAS ANTE LAS NUEVAS TECNOLOGÍAS DE LA INFORMACIÓN

## CAPÍTULO 6
## PERSONAL BIBLIOTECARIO DE FRENTE A LAS NUEVAS TECNOLOGÍAS DE LA INFORMACIÓN

## CAPÍTULO 7
## REALIDAD DE LAS BIBLIOTECAS PÚBLICAS ANTE LAS NUEVAS TECNOLOGÍAS DE LA INFORMACIÓN

## CAPÍTLULO 8
## INVESTIGACIÓN PARA UN DIAGNÓSTICO Y ESTUDIO DEL ESTADO DE LAS BIBLIOTECAS PÚBLICAS EN PUERTO RICO ANTE LA INTEGRACIÓN DE LAS NUEVAS TECNOLOGÍAS DE LA INFORMACIÓN: IMPACTO EN EL PERSONAL BIBLIOTECARIO

## CAPÍTULO 9

## PROPUESTA DE ALIANZA ENTRE PAÍSES, UNIVERSIDADES CON PROGRAMAS DE BIBLIOTECOLOGÍA Y TECNOLOGÍAS DE LA INFORMACIÓN, Y LAS BIBLIOTECAS PÚBLICAS

# DEDICATORIA

A Dios:

El todo poderoso que me permitió abrir la puerta que conduce a la superación dándome la fortaleza y la sabiduría para seguir adelante entregándome la llave que la abre, y permitiéndome entrar por ella para alcanzar un eslabón más en mi vida profesional y alcanzar otro de mis sueños en la publicación de este libro. La gloria sea para Dios.

Mis dos razones de vivir:

A mi madre María D. (Lolín) Suárez Campos, quien siempre me ha enseñado a luchar por mis sueños, quien es uno de los pilares más fuertes en mi vida, es la que me ha enseñado valores, y creer siempre en ti Dios, y mi Leodalin Judith Cotto Díaz mi razón de vivir, quien siempre quiero que vea en mi el ejemplo de superación y que cuando nos proponemos metas con la ayuda de Dios, dedicación y esfuerzo las podemos cumplir.

# AGRADECIMIENTOS

Muy en especial a aquellas personas que desde el principio y durante el trayecto de mi proyecto en la publicación de mi libro me brindaron su apoyo incondicional como lo son mi esposo Ing. José A. Maldonado, quien siempre me ha apoyado en las metas que me propongo, Dra. Debbie A. Quintana Torres, quien desde un principio me decía que había que publicar, gracias doctora por confiar en mí y darme la oportunidad de seguir hacia adelante, gracias a su apoyo puedo ver otro de mis sueños realidad. A la Dra. Ada Myriam Felicié, quien al comunicarme con ella y solicitarle permiso para la utilización de su libro me brindo su ayuda y su autorización, gracias doctora, su libro fue de gran ayuda para la realización de este y a mi amigo incondicional Ing. Alfredo Alequín quien siempre me ha brindado su ayuda en la realización de mis sueños, gracias sin la ayuda de todos ustedes no hubiese sido posible la publicación de mi primer libro. A todos mi agradecimiento por su apoyo y amistad. Gracias por siempre.

# INTRODUCCIÓN

Las Bibliotecas Públicas ya no cuentan con materiales impresos solamente, el medio electrónico constituye un soporte impresionante de transmisión de conocimientos científicos, tecnológicos, humanísticos. A través de los años la biblioteca pública fue y es parte importante en la cultura de las personas.

En las últimas décadas, las nuevas tecnologías de la información han impactado nuestra sociedad, logrando modificar nuestra manera de vivir, de comunicar, de producir y de educar, logrando así transformar nuestras bibliotecas públicas en un entorno revolucionado por una acelerada carrera tecnológica, acompañada de una creciente avalancha de información digital, que han afectado considerablemente la visión del mundo y las relaciones sociales, se contextualizan los retos a los cuales se enfrenta actualmente biblioteca pública. En estos tiempos hay una gran preocupación con respecto a cuál ha sido la función del personal bibliotecario de ayer y hoy ante las nuevas tecnologías de la información. El rumbo económico impuesto por la globalización convirtió el conocimiento en un bien creador de riquezas y en uno de los más importantes activos intangibles; este bien deberá ser recopilado, clasificado, almacenado y difundido por el personal bibliotecario. Las nuevas tecnologías de la información impusieron cambios en el perfil profesional del personal bibliotecario. La revolución tecnológica ha provocado enormes cambios en la producción, en la formación de riquezas, en la forma de vivir, de trabajar y también plantea una modalidad más dinámica en el acceso a la información. Ahora el usuario es el que exige más calidad, creatividad y competencia; y las nuevas tecnologías de la información: constituyen un instrumento efectivo para el desarrollo de las bibliotecas públicas. Hoy, después de inmensas transformaciones tecnológicas, en casi todos los ámbitos de la vida del hombre, muchos se preguntan ¿Cómo la biblioteca pública y el personal bibliotecario son capaces de adaptarse y sobrevivir a tales cambios?

En este libro la autora hace un análisis sobre las bibliotecas públicas y el rol del personal bibliotecario ante el advenimiento de las nuevas tecnologías y de la sociedad de la información; analizando los retos a que se enfrentan las bibliotecas públicas y las funciones atribuidas al personal bibliotecario en la sociedad de la información. Además, se centra si las bibliotecas públicas y el personal bibliotecario proveen el ambiente propicio para romper la brecha digital, como les afectan los cambios en los nuevos roles que juegan en su organización, cuáles son y cómo responden a las exigencias que le demandan su comunidad, qué conflictos surgen en el interior y en su entorno. Pero sobre todo cuáles son sus necesidades de formación, ya que este elemento determinará su actuación en el campo laboral. Se plantean algunas ideas, recomendaciones, propuesta para que el personal bibliotecario asuma un papel atento, crítico y emprendedor ante las posibilidades y problemáticas que ofrecen las nuevas tecnologías de la información. Además, incluye el Primer Directorio de Bibliotecas Públicas de los 78 Municipios de Puerto Rico.

Con este libro esperamos contribuir al trabajo interdisciplinario de la bibliotecología, ayudando a comprender que las bibliotecas no son un servicio administrativo, sino esencialmente un "servicio educativo", y su personal bibliotecario tiene por tanto la responsabilidad de apoyar la investigación, involucrándose en la función de enseñar a gestionar la información y el conocimiento a través de las nuevas tecnologías de la información en las bibliotecas públicas.

DRA. DAMALIN JUDITH DÍAZ SUÁREZ

# CAPÍTULO 1

# BIBLIOTECAS PÚBLICAS

## Biblioteca Pública

Según la definición elaborada por IFLA/UNESCO, "biblioteca pública es una organización establecida, apoyada y financiada por la comunidad, tanto a través de una autoridad u órgano local, regional o nacional o mediante cualquier otra forma de organización colectiva. Proporciona acceso al conocimiento, la información y las obras de creación gracias a una serie de recursos y servicios y está a disposición de todos los miembros de la comunidad por igual, sean cuales fueren su raza, nacionalidad, edad, religión, idioma, discapacidad, condición económica, laboral y nivel de instrucción."

La biblioteca pública constituye un servicio público del que se dota la sociedad para garantizar a todos los ciudadanos la igualdad de oportunidades en el acceso y uso de las fuentes del conocimiento y la cultura, facilitando el ejercicio de derechos fundamentales para las personas y para la convivencia democrática.

La biblioteca pública es un espacio cultural, informativo, educativo y lúdico abierto a todos los sectores sociales en el que los libros han dejado de ser la única fuente de información. El concepto tradicional de biblioteca pública como espacio casi exclusivo para estudiantes e investigadores, o como almacén de libros, ha sido sustituido por un nuevo concepto de biblioteca que ya es realidad en muchos países de Latinoamérica. La biblioteca pública se constituye el primer centro de información local, portal de acceso de información que las tecnologías ponen a nuestro alcance, centro de actividades culturales de primer orden, espacio de identidad que estimula los valores de interculturalidad, solidaridad y participación, lugar de convivencia y encuentro. La biblioteca pública es la puerta de acceso a la sociedad de la información y del conocimiento.

Al inicio del tercer milenio, las bibliotecas públicas deben entenderse como centros proveedores de servicios y puntos de acceso a la información procedente de recursos propios como externos. En la llamada sociedad de la información, las diferencias sociales también se manifiestan en la desigualdad de acceso a ésta.

La biblioteca pública, es concebida como un servicio básico y necesario, adquiere un papel predominante en lo que al equilibrio social y la igualdad de oportunidades en este ámbito se refiere.

La biblioteca pública debe participar en redes electrónicas tanto en el nivel local, como regional, nacional e internacional, y contribuir a las políticas de información y a las iniciativas de carácter tecnológico. La biblioteca pública garantiza una oferta integral y confluente entre información, formación, ocio y cultura.

La biblioteca pública está llamada a jugar un papel esencial en la educación y en la formación en el transcurso de la vida. La formación no reglada ha sido reconocida como la más importante por tratarse de una opción libre, voluntaria y personal.

La biblioteca pública está abierta a todos los ciudadanos, cualesquiera sean su condición o actividad. Tiene como uno de sus principios fundamentales el de servir al conjunto de la comunidad y no sólo a determinados grupos de ciudadanos.

La biblioteca pública desempeña un papel activo en la creación y fomento de los hábitos de lectura, en el desarrollo de la creatividad personal y de la imaginación, y en la utilización del tiempo libre. Debe ser una entidad estimulante y dinamizadora.

DRA. DAMALIN JUDITH DÍAZ SUÁREZ

La biblioteca pública tiene una especial responsabilidad en lo relativo a la recopilación y el fácil acceso a la información local, de modo que se mantenga viva la historia de la comunidad a la que sirve y se desarrolle la cultura local.

La biblioteca pública no debe operar aislada, debe buscar formulas que le faciliten su trabajo en red con otras bibliotecas y otros agentes, a fin de mejorar la calidad y la amplitud de los servicios ofrecidos al usuario, y garanticen asimismo la cooperación, especialmente en el ámbito local.

El concepto de biblioteca pública hace referencia al servicio público de que se dota la sociedad para garantizar que todos sus ciudadanos tengan, allá donde residan, la posibilidad de acceder en igualdad de oportunidades a la cultura, la información y el conocimiento. Este servicio debe entenderse como un sistema, como un conjunto interrelacionado de centros bibliotecarios que prestan servicio a una población determinada y constituye la puerta de acceso público más importante a la Sociedad de la Información.

En definitiva, al hablar de biblioteca pública se hace mención a las bibliotecas que están al servicio de una comunidad determinada, ya sea un barrio, un pueblo o ciudad, una comarca o provincia; que atienda a todos sus habitantes cualquiera que sea su edad o su dedicación, y por lo general de forma gratuita; cuentan con fondos sobre todas las materias; son al tiempo centros de información y centros culturales, fomentan la lectura y brindan apoyo a la educación formal y el auto aprendizaje, independientemente del organismo público o privado de que dependan.

Las bibliotecas públicas tienen un papel ideológico de favorecer las relaciones sociales y con responsabilidad de contribuir a la formación y satisfacción de necesidades e intereses de la comunidad en la cual está inserta. Estas deben proporcionar la utilización de la información en beneficio del desarrollo personal y social, ofreciendo oportunidades para que los ciudadanos mejoren su condición de vida en todos los niveles. Las bibliotecas públicas han experimentado cambios desde sus orígenes.

Las bibliotecas públicas se han caracterizado por su labor social, las especializadas o especiales, por su apoyo esencial a algunas áreas de la ciencia o la tecnología, porque en torno a ellas se creaban nuevas posibilidades de conocimiento, valiosa información, pero adiestrándose en el siglo, su evolución ha sido rápida y constante, convirtiéndose en un órgano más dinámico y de servicio ante las nuevas tecnologías.

## La biblioteca pública como institución social: funciones sociales

Las funciones sociales de la biblioteca pública se originan de las miradas y las pretensiones de explicación sociológica de su existencia, que la bibliotecología clásica (anglosajona y de Europa oriental, principalmente) asumió durante el siglo XX. Desde estas miradas la biblioteca pública se concibe como un organismo social con tareas de integración de los sujetos a la cultura y al orden social; donde el sujeto central es el ciudadano, con su práctica de leer y de informarse. En este marco las funciones sociales de la biblioteca pública tienen correspondencia con las dimensiones culturales, educativas, económicas y políticas desde las cuales se ha interpretado con una visión sistémica en la sociedad.

### Función Cultural:

Apoyar la libre circulación social de la información con el fin de promover, estimular y garantizar el acceso de las personas a universos simbólicos cada vez más significativos, de forma que puedan ampliar su visión del mundo e integrar convenientemente y en perspectiva de humanización, sus realidades locales con las globales, en estructuras de conocimiento que les permitan recuperar y conservar su propia historia y su propia voz.

## Función Educativa:

Facilitar y proveer a las personas de estrategias, medios y materiales para la educación en general y la aplicación del conocimiento social. Esta función se realiza, fundamentalmente, con el apoyo a programas de alfabetización, educación formal, no formal e informal.

## Función Económica:

Brindar y posibilitar el acceso a la información necesaria y pertinente para la comunidad a la que sirve, de tal manera que su aplicación contribuya al desarrollo económico, dinámico y apoye las relaciones productivas que en ella se realizan y aporte al mejoramiento de la calidad de vida tanto de las personas como de la comunidad.

Araújo (1985), destaca que la función social de la biblioteca pública, estriba en el ofrecimiento de los programas de extensión y mejoramiento de la educación, en lo concerniente al desarrollo económico y social en zonas urbanas y rurales. Justifica tal afirmación en que la mayoría de la población no cuenta con los recursos necesarios, ante lo cual la biblioteca debe actuar como órgano social, como una forma de complementar la enseñanza académica de poblaciones rurales que se encuentran en extrema pobreza. Así, esta función social está muy ligada a la educación, pues evidentemente la biblioteca pública es una institución educativa; sin embargo, ello no quiere decir que tenga que sustituir a la biblioteca escolar. La misma autora Araújo confirma las funciones educativas de la biblioteca, pero en el ámbito no formal: la necesidad de apoyar al neolector y de alfabetizar a los no lectores. También debe servir como centro de información y como centro de cultura local. Esta importante función social es aclarada por Páez (1992) cuando dice que la vinculación que la biblioteca pública debe tener con la educación ha de ser con el objetivo de que "ésta enriquezca el trabajo de nuestros pueblos, que facilite los procesos por los cuales el conocimiento se convierte en inteligencia". Así, la biblioteca pública debe formar ciudadanos que actúen y sólo así ésta dejará de ser "el adorno adicional del programa cultural en las ofertas electorales" (Ídem). Por ello, debe constituir una instancia para la incorporación de la población al desarrollo nacional, una posibilidad para generar su propia inteligencia o para que mejoren sus condiciones de vida, a partir de la capacitación y el aporte de conocimientos, necesarios para el desarrollo social y económico. Morgan (1985). Es por ello que se ha considerado que la biblioteca pública debe ser apoyada e impulsada por el Estado. Su intervención en la promoción e impulso de un sistema bibliotecario eficiente, debe ser una obligación ineludible, pero resultaría interesante analizar por qué esto no es así y en su lugar las bibliotecas se mantienen al margen de las políticas estatales en los países en vías de desarrollo.

Las bibliotecas públicas de América Latina y el Caribe ofrecen a los pueblos servicios de información y difusión cultural, y por ello deben ser considerados por sus respectivos gobiernos, como elementos integrados a los planes nacionales de desarrollo, que requieren de efectivo apoyo económico, político y técnico normativo del estado. Realmente la biblioteca pública, si no es promovida por el estado, posiblemente no existiría ni siquiera lo que tenemos hoy en nuestros países, al no constituir una necesidad básica para nuestra población. Así lo afirma Gaines (1985), quien analiza la prioridad política que significa la biblioteca en el mundo actual, donde la corriente neoliberal tiende a trasladar todos los servicios al sector privado. Según Gaines, los políticos no creen que la biblioteca sea esencial para la sociedad moderna, pues *"la ven como una cosa marginal u opcional"*. Es así como se puede explicar que, a la par de la intervención del Estado en la creación de bibliotecas públicas como un servicio que beneficia al pueblo se presenta también la restricción presupuestaria para ellas o el impulso de los medios masivos de comunicación que mediatizan los efectos que podrían lograr las bibliotecas, por medio de las nuevas tecnologías de la información. Sin embargo, se ha entendido a través de los tiempos que la biblioteca pública

DRA. DAMALIN JUDITH DÍAZ SUÁREZ

es una institución neutra, que no tiene ninguna relación con los medios de control que utiliza el Estado. Esta creencia no ha sido explorada como tal hasta en tiempos muy recientes, pues la literatura existente demuestra que el tema había estado intacto hasta la década de los ochenta (véase los trabajos de Birdsall (1988), Macedo (1986) o Rabello (1987). En este campo, el tema ha sido discutido en países como Brasil o Estados Unidos, *"donde se ha concluido que la biblioteca no puede ser una institución neutral y, por ende, el bibliotecario ha de estar muy consciente de su papel en una institución que podría ejercer un control ideológico"*. Por ello es que se han desarrollado varias experiencias, donde la biblioteca pública participa en la educación popular o como elemento de la corriente liberal como en Estados Unidos ofreciendo los materiales necesarios para la autoeducación. Esta concepción no puede ser neutral, en tanto que tiene objetivos definidos como son el logro de una mayor participación del pueblo en la solución de los problemas de la comunidad, o la toma de conciencia sobre esos problemas; consecuentemente, la biblioteca pública puede ser considerada como una institución ideológica más del estado. La función social de la biblioteca pública es desempeñar un importante papel como espacio público y como lugar de encuentro, lo cual es especialmente importante en comunidades donde la población cuenta con escasos lugares de reunión. Representa lo que se ha dado en llamar "el salón de la comunidad". El uso de la biblioteca para efectuar investigaciones y para encontrar información útil para la instrucción y los intereses recreativos de sus usuarios lleva a éstos a entablar contactos informales con otros miembros de la comunidad. Utilizar la biblioteca pública puede ser una experiencia social positiva.

Al desempeñar su función en estos ámbitos tan fundamentales, la biblioteca pública está actuando como un motor de la mejora social y personal y puede ser también una institución que propicie cambios positivos en la comunidad. Al facilitar una gran diversidad de materiales útiles para instruirse y hacer que la información sea accesible a todos, puede aportar beneficios económicos y sociales a las personas y a la comunidad. Contribuye a la creación y el mantenimiento de una sociedad bien informada y democrática y ayuda a que la gente actúe con autonomía enriqueciendo y mejorando su vida y la de la comunidad. La biblioteca pública debe ser consciente de las cuestiones que se plantean en su comunidad.

Funciones importantes y claves que la biblioteca pública debe desarrollar ante las nuevas tecnologías de la información:

- Educar a las personas respecto a las nuevas tecnologías de la información y las comunicaciones y motivarlas a tomar parte activa en su uso. Para lograrlo, la biblioteca deberá convertirse en un centro de tecnologías de la información donde se pueda capacitar a las personas en el uso de estas nuevas tecnologías. (Felicié, 2006)
- Concientizar a la sociedad sobre la función de la biblioteca pública como ente que contribuye a satisfacer las necesidades de información de las personas, convirtiéndose en el primer paso en la solución de sus problemas. (Felicié, 2006).

Es importante señalar, que para que la biblioteca pública pueda llevar a cabo efectivamente esas funciones, requiere de un sólido respaldo financiero, de un verdadero apoyo que sólo puede materializarse si tanto el Estado, Municipios y los individuos reconocen el rol protagónico que desempeña la biblioteca pública en el ejercicio de la democracia. Además, de contar con un personal altamente cualificado.

## Cambios ante las nuevas tecnologías

Las nuevas tecnologías han sido el detonador de sus grandes cambios en la sociedad contemporánea. Un punto importante, y en el cual no siempre se llega a consenso, es la labor educativa que el personal bibliotecario tiene actualmente en las bibliotecas públicas. Las tecnologías de la información han introducido cambios tan significativos que las bibliotecas no han podido permanecer ajenas a ellos. Las tecnologías de la información representan un fenómeno de amplio espectro porque conllevan un verdadero cambio estructural en las organizaciones e implican el acceso de todas las informaciones.

Estamos ante una doble revolución: evolución informativa, y revolución organizativa. En el ámbito de las bibliotecas, el desarrollo tecnológico que ha tenido lugar desde los años sesenta ha supuesto un cambio en el concepto tradicional de la información. El término de nuevas tecnologías de la información fue acuñado a principios de los ochenta para hacer referencia a la importancia que adquiere la información y las tecnologías relacionadas con ellas en todos los ámbitos. Es de tal importancia su impacto que dentro de las organizaciones, la información se considera como un activo más, y se le da cada vez más importancia a su gestión. Las tecnologías de la información son las motivadoras del cambio en las bibliotecas públicas, y ellas deben ejercer su papel educativo que ayude a otros a realizar ese cambio. Con la entrada de un nuevo siglo se está consolidando también una nueva sociedad de la información. Esta permite disponer de una gran cantidad de recursos de información y al mismo tiempo, las nuevas tecnologías de la información y de nuevas formas de comunicación.

Parece ser tarea de todos preguntar si saben el rol que las nuevas tecnologías de la información están jugando en el mundo de hoy, la educación y las bibliotecas públicas, y si éstas proporcionan las herramientas para moverse en ese mundo. Esta era de las nuevas tecnologías de la información es mucho más exigente en cuanto a la gestión del conocimiento que se debe tener para ser parte de esta nueva sociedad. Es necesario dar un lugar preferente a las nuevas tecnologías de la información, especialmente en las bibliotecas públicas. Las bibliotecas públicas deben ser núcleos personalizados, que promuevan la iniciativa, que estimulen la integración y la valoración del conocimiento a través de las nuevas tecnologías de la información. Esta tarea compleja e ineludible congrega a muchas personas, pero especialmente al personal bibliotecario que laboran en las bibliotecas públicas, donde se debe entender que están en un mundo globalizado sin fronteras, gracias a las tecnologías de información y comunicación (TIC), es necesario esforzarse por derribar sus propias barreras mentales.

Los cambios producidos por las TIC, traen consigo nuevas exigencias en la formación del personal bibliotecario, pero debido a su rápido desarrollo dentro de las bibliotecas públicas, crean la urgencia de atender especialmente, las carencias producidas por este sector. En las bibliotecas se agregan nuevas funciones, ya que se ha constatado que la información en la red no siempre es de calidad, y es necesario que las bibliotecas aseguren las formas de recoger información relevante. Las redes de comunicación interconectadas de ahora en adelante para efectos de esta propuesta se conocerán como Internet una red que ha cambiado el ámbito social, parece ser la carta de presentación de las TIC, han supuesto una revolución sin procedentes en el mundo de la informativa y de las comunicaciones. En ella han participado el gobierno, la industria y el mundo educativo, impulsando el desarrollo y la evolución de las nuevas tecnologías de la información.

La educación superior también está experimentando estos cambios y en pocos años, comparado con su larga trayectoria, asumirán nuevas tareas y formas de enseñanza, modernizando no solo su estructura física o tecnológica, sino principalmente su forma de pensar en la educación. En esta tarea la biblioteca pública también se ha implicado, ya que, por ser el servicio que gestiona por excelencia gran parte de los recursos de información, ha sido la primera en experimentar cambios estructurales, en su rol, y también ha tenido que responder con urgencia a las nuevas exigencias que la comunidad le han planteado con respecto a las nuevas tecnologías de la información. No se debe olvidar que estos cambios son gestionados y consolidados por personas, que al tiempo deben experimentar y asumir en sí mismas esas transformaciones como lo son el personal bibliotecario de las

DRA. DAMALIN JUDITH DÍAZ SUÁREZ

bibliotecas públicas. El recurso más importante que posee la raza humana es el conocimiento que tiene como fuente de información en sí misma, por lo que es un producto posterior y surge a partir de ella. Es por ello, que en la época actual, del manejo eficiente de la información, depende del uso de todos los otros recursos naturales, industriales, tecnológicos y humanos. Durante la historia de la humanidad, el conocimiento se ha creado y almacenado en forma documentos, libros, artículos, aunque todos estos ahora se pueden guardar también electrónicamente, o sea, digital. Este es, precisamente, el gran avance; en que las nuevas tecnologías se hayan convertido en una ayuda enorme para el procesamiento de la información en las bibliotecas públicas.

Según UNESCO (1968) en su "Manifiesto para bibliotecas públicas" proclama la confianza en la biblioteca pública como fuerza viva al servicio de la enseñanza, la cultura y la información y como instrumento indispensable para el fomento de la paz y la comprensión entre los hombres y las naciones. Definiéndola como una institución democrática para la enseñanza, la cultura y la investigación. El profesional de la información y el personal de las bibliotecas públicas en la actualidad deben adquirir nuevas habilidades conocimientos, y cualidades personales que le permitan adaptarse a las tecnologías. Este personal debe hacer frente a la nueva realidad, que se presenta, para una práctica profesional acorde a las necesidades que requiere la sociedad moderna. Planteados los objetivos fundamentales se tienen en cuenta la naturaleza de la biblioteca pública, que ha de satisfacer las necesidades de comunicación de poblaciones que difieren ampliamente en sus circunstancias y composición siendo la biblioteca de todos. Pero la información no puede ser considerada un lujo, más bien es una necesidad y un deber de todos los ciudadanos. Siendo la biblioteca pública quien ha de satisfacer los medios para la libre información a través de las nuevas tecnologías de la información.

Según UNESCO (1994) la biblioteca es el centro local de información, brindando toda clase de conocimientos e información disponible a sus usuarios. Deben fungir como centros de actividades comunitarias culturales, complemento de la educación formal, como centros de apoyo al desarrollo intelectual de los ciudadanos. Felicié (2006) señala que la utilización y el acceso al público de las nuevas tecnologías de la información y la comunicación en las bibliotecas, proveen el ambiente propicio para romper la brecha digital. Las bibliotecas tienen un rol protagónico en la sociedad, ya que son el instrumento que tiene el público en general para poder romper la brecha digital y tener acceso equitativo a la información. Aviram (2002) señala que las bibliotecas no quedaron exentas de los cambios y transformaciones ocurridas en la segunda mitad del siglo XX, especialmente en la década 90 con el desarrollo de las nuevas tecnologías de información y comunicación (TIC) y el uso generalizado de Internet; que transformó sus procedimientos y modelos de trabajo. Esto condujo a la aparición de las llamadas bibliotecas electrónicas, digitales y virtuales. Muchos son los autores que tratan de definirlas y caracterizarlas pero dichos términos se emplean indistintamente con diversas acepciones. Las tecnologías de información y comunicación (TIC) cambiaron el entorno de trabajo de las bibliotecas y centros de documentación e información respecto al modo de hacer los procesos y prestar los servicios. Junto al avance de las nuevas tecnologías, el bibliotecario o profesional de la información, está llamado a incorporar a su perfil de trabajo nuevas funciones, entre ellas, facilitar el uso de las tecnologías de información y comunicación (TIC) a aquellos usuarios que por diferentes razones no las manejan. Así surge la concepción del facilitador o gestor de información cuyo desempeño supera al bibliotecario tradicional (Aviram, 2002).

La calidad del servicio que se presta en las instituciones de información depende en gran medida del personal que interactúa con los usuarios. De ahí la importancia de la selección de las personas adecuadas para cubrir los diferentes puestos de trabajo, además es reconocido que una buena selección del personal asegura mejores resultados en el desarrollo de las funciones de las personas. Según la American Library Association (1989) el carácter esencial en el campo de estudio de los servicios bibliotecarios y de información; son tener constancia de la información y el conocimiento, de los servicios y tecnologías que facilitan su manejo, fomentando la creación de la información y el conocimiento, comunicación, identificación, selección, adquisición, organización y descripción, almacenaje y recuperación, preservación, análisis, interpretación, evaluación, síntesis, diseminación y administración. Muchos países han entrado a la globalización, y deben tener la visión que, los países desarrollados y algunos en desarrollo están apostando firmemente con grandes inversiones en el desarrollo de las nuevas tecnologías de información en educación. Lo hacen aún cuando no existen las evidencias suficientes de una relación directa entre el uso de estas herramientas y el logro de mayores aprendizajes por parte de los usuarios. No obstante, se considera que ello es un proceso inevitable, pues el desarrollo de las nuevas herramientas tecnológicas es tal que terminará imponiéndose y venciendo las dificultades que por ahora se presentan. Deberán ir preparándose, y una de las formas es ayudando a los profesionales bibliotecarios y personal que labora en las bibliotecas a configurar un nuevo rol dentro del proceso de aprendizaje. Un rol de facilitador o mediador, motivador y orientador.

Algunos textos comienzan a cambiar de concepción, incluyendo en su contenido CD para el trabajo de los usuarios de las bibliotecas. Hay una semilla de experiencias que vale la pena difundir, así como alentar otras que puedan surgir a través de adiestramientos, seminarios y otras iniciativas que despierten el interés del personal bibliotecario para la utilización de las nuevas tecnologías de la información. Se debe tener la capacidad para estar a la altura de los nuevos retos y circunstancias del presente mundo cambiante, no se puede entender el avance de un país sin educación.

En estos tiempos se deben aprovechar aquellos avances tecnológicos que brinda la ciencia de hoy en día, y estar preparados para los nuevos retos que emanan de los nuevos tiempos. Este libro pretende instituir el impacto de la incorporación de las nuevas tecnologías de la información en las bibliotecas públicas. Además evidenciar si el personal bibliotecario con el cual cuentan las bibliotecas públicas en la actualidad está capacitado en el uso y manejo y conoce del enfoque que se pretende para las mismas. Se entiende que al hablar de la incorporación de las nuevas tecnologías y el internet en las bibliotecas públicas, no basta proveer de ellas; sino dotar de capacitación en el manejo y enfoque requerido al personal bibliotecario que laboran en las mismas.

Que el personal bibliotecario tenga la asesoría y capacitación en el uso del equipo tecnológico. Partiendo de lo anterior, se analizan otros puntos que, de igual manera están relacionados con el uso de las nuevas tecnologías: la incorporación de actividades relacionadas con el uso de ellas en la planificación de talleres, seminarios, charlas, asesorías de expertos en la materia, los espacios e infraestructura, la frecuencia en la utilización de los equipos.

La biblioteca pública como organismo social ha ido modificando sus funciones y el rol que ha desempeñado en el proceso de comunicación a través de la historia; como consecuencia de las necesidades sociales y la determinación que la misma sociedad le ha impuesto. Así pues, desde sus inicios y durante mucho tiempo se consideró una biblioteca útil para preservar y conservar los documentos, es decir, custodiar la memoria escrita. Este rol de conservación y cuidado físico de los libros fue la función principal de las bibliotecas públicas. Posteriormente y con el desarrollo de las nuevas tecnologías se convirtió en apoyo vital para el proceso educativo al facilitar el acceso a documentos que permitían conocer el pensamiento de otros así como sus aportes para el desarrollo de la humanidad. De esta manera se genera nuevos conocimientos a través de las nuevas tecnologías de la información. A medida que evoluciona la biblioteca pública como organismo social, cumple tanto la función de preservación como de transmisión del conocimiento de generación en generación. Hay una participación más activa de todo tipo de personas que utilizan los recursos tecnológicos con una avidez de conocimiento científico, intelectual y cultural; llegando así a convertirse en una biblioteca de acceso público que debe velar por satisfacer las necesidades de información de la comunidad en la cual está inserta.

## Desafíos de la Biblioteca Pública ante la Sociedad de la Información

En el contexto de los cambios introducidos en la sociedad por los nuevos paradigmas de la llamada era de la información, se analizarán cómo afectan estos cambios al personal de las instituciones de educación superior y en especial al personal de las bibliotecas públicas. Para entender los problemas que deben resolverse se analizarán los cambios producidos en torno a su rol, cómo le afecta la globalización y digitalización de la información, a qué nuevas demandas deben responder, centrándose especialmente en qué cambios deben experimentar su formación para actuar con competencia en sus nuevas tareas con las nuevas tecnologías de la información. Echevarría (2004) afirma que las bibliotecas del siglo XXI, deben poseer colaboradores y facilitadores para el desarrollo del pensamiento crítico y creativo necesarios para alcanzar los más altos niveles cognoscitivos y afectivos para el cultivo de la libertad intelectual en sus usuarios. La biblioteca es un lugar donde convergen distintos usuarios por necesidad o por acceso voluntario en búsqueda o consulta de información pertinente, relevante y actualizada, relativa al desarrollo cognoscitivo donde la meta máxima es la creación.

Las Bibliotecas Públicas tienen como misión ser un organismo cultural al servicio de la comunidad a la que sirve. Debe proveer de entretenimiento y actividades culturales que propendan del crecimiento personal e intelectual de todos los ciudadanos del país. Con la globalización mundial y con respeto a la diversidad cultural, promover la integración y el compartir, comparar, contrastar y respetar nuestras idiosincrasias culturales que conviven en la comunidad. Al hablar de la incorporación de las nuevas tecnologías y el internet en las bibliotecas públicas, no basta proveer de ellas; sino dotar de capacitación en el manejo y enfoque requerido al personal bibliotecario, que el recurso docente tenga la asesoría y capacitación en el uso del equipo tecnológico. Los bibliotecarios y personal que laboran en las bibliotecas tienen en la actualidad una misión y un desafío muy importante en esta sociedad de la información que es, aprovechar la tecnologías del mundo globalizado y reducir de alguna forma la brecha entre informados ricos e informados pobres, permitiendo que todos participen de la sociedad de la información, creando una cultura de individuos con capacidad de trabajar con información, para su desarrollo personal y profesional. El rol del personal bibliotecario cada día transformado exige más capacidades y preparación, demanda acciones mayores de impacto y responsabilidad social. Rivas (2003) argumenta que el especialista de información (archivista, analista de sistemas, bibliotecario, cartógrafo, documentalista, estadístico, programador, etc.) no se ha vuelto obsoleto, sino que actualmente se enfrenta al reto de asimilar un conflicto de papeles adecuando las técnicas que domina, debido a las nuevas tecnologías. Tiene que conjugar tres roles: servidor, facilitador y agente de cambio.

Márquez (1998) argumenta que el bibliotecólogo afronta una constante variación en la definición de su responsabilidad social, puesto que se encuentra inmerso en un entorno demandante y sediento por información. También enuncia textualmente que "el rol del bibliotecario, cada día transformado exige más capacidades y preparación, demanda acciones mayores de impacto y responsabilidad social". El bibliotecario se ha convertido en un agente social constructor de información dejando de ser aunque nunca lo fue un mero facilitador de libros y enciclopedias".

DRA. DAMALIN JUDITH DÍAZ SUÁREZ

Alvarado (2001) argumenta que la era de la información es todo un desafío para las bibliotecas y los bibliotecólogos. En la actualidad empieza a ser muy común el escuchar hablar de conceptos tales como las bibliotecas virtuales, digitales, sin paredes, electrónicas, gestión de la información, gestión del conocimiento, gestión de contenidos, etc. Según Duarte (2000) "El impacto tecnológico en el sector de la información es abrumador. La aplicación de herramientas está siendo intensiva y punta de lanza para su uso en otras industrias y sectores, ese impacto afecta de manera muy especial a los gestores de información y documentación obligándolos a un reciclaje continuo de sus conocimientos y técnicas de trabajo..."

Según INFOEM (1996) "...en la incorporación masiva de la Tecnología de la información a gran parte de las actividades productivas y de carácter científico está modificando los roles de muchos profesionales y en nuestro ámbito el profesional no debe quedarse al margen....". Se entiende que el profesional en información y documentación en la actualidad debe ser un experto en la manipulación, recuperación y acceso a la información, capaz de traerla al usuario que la demande de una forma oportuna e integra sin importar el punto geográfico o lógico en el que se la encuentre. Su función ya no será sólo de conservador celoso y obsesivo que centraba gran parte de su atención a ser el depositario del conocimiento como lo fue radicionalmente por mucho tiempo, sino que más bien ha mutado hacia una comprensión de sí mismo como un moderno profesional, encargado del tratamiento y la gestión de la información, apoyado por herramientas ya sea manuales o de tecnológicas de punta y todo ello en procura lograr satisfacer las necesidades informativas de la comunidad de usuarios a la cual sirve. Entre sus compromisos sociales está el de descubrir y diagnosticar las necesidades de información de la comunidad a la cual sirve, creando servicios y productos de alta calidad, acordes al tecnológico mercado de información actual. Bonilla (2003) argumenta que la biblioteca durante décadas ha sido el espacio natural para que miles de usuarios se acerquen para consultar los libros necesarios para satisfacer sus necesidades de información. Según Bonilla esta ha replanteado su directriz hacia las tendencias actuales indicado que estos centros se convierten en espacios democratizadores de la cultura, es decir, donde todo ciudadano puede acceder al conocimiento e incluso a las nuevas tecnologías como la computadora, bases de datos, soportes multimediáticos e internet, sin hablar del nuevo concepto de biblioteca digital y virtual. Estos generan un comportamiento más complejo en cuanto a su dinamismo, pues ya no es necesario tener una búsqueda de información presencial en una biblioteca, sino que la biblioteca del futuro está en la capacidad de llegar al usuario. Sin embargo la biblioteca es un lugar donde convergen distintos usuarios por necesidad o por acceso voluntario en búsqueda o consulta de información pertinente, relevante y actualizada, relativa al desarrollo cognoscitivo donde la meta máxima es la creación.

Las bibliotecas públicas modernas deben reunir características del nuevo modelo, y tener los recursos disponibles para atender la demanda de las nuevas tecnologías de la información y cumplir su misión de alfabetizar a la comunidad a la que sirve a cabalidad a través de las nuevas tecnologías de la información mediante su personal bibliotecario.

Desde el enfoque de las aplicaciones tecnológicas, la historia de las bibliotecas se divide en tres periodos:

- La biblioteca tradicional: desde las primeras bibliotecas hasta la aparición de las tecnologías para la automatización de los procesos bibliotecarios.
- La biblioteca moderna: desde la aplicación de la automatización en el almacenamiento y recuperación de datos bibliográficos y en las actividades de servicios.
- La biblioteca virtual o del futuro: la cual implica las telecomunicaciones para hacer posible la accesibilidad universal de la información.

La biblioteca moderna ha implantado la automatización en tres etapas básicas que se pueden describir así:

1. Automatización independiente de las funciones administrativas y de procesos como adquisiciones, catalogación y clasificación, préstamo, etc., incluso utilizando programas distintos e incompatibles.
2. Automatización integrada en red que abarca todos los procesos bibliotecarios y permite acceso al catálogo público en línea.
3. Conexión interinstitucional en red para compartir procesos y recursos remotos.

Los recursos tecnológicos ofrecen la posibilidad de democratizar la información, pero la gran mayoría de nuestra población todavía no tiene acceso a los servicios que se generan con base en tales recursos y aún no se resuelve quien asumirá este reto.

## Problemas que deben resolverse con los cambios producidos

Este libro pretende entender los problemas que deben resolverse para analizar los cambios producidos en torno al rol de las nuevas tecnologías de la información en las bibliotecas públicas, cómo enfrentan la globalización y digitalización de la información. Las nuevas demandas deben tener los bibliotecarios para responder, centrándose especialmente en qué cambios debe experimentar su formación para actuar con competencias en las nuevas tecnologías. El libro presentará la situación de las bibliotecas públicas ante las nuevas tecnologías de la información, conocer la opinión del personal bibliotecario que labora en las mismas las características y actitudes, conocimientos en las nuevas tecnologías de la información necesarias para fungir como especialistas de la información en las bibliotecas. También conoceremos la opinión del director y/o encargado sobre la preparación y adiestramiento en nuevas tecnologías de la información del personal bibliotecario en relación a las actitudes señaladas que son fundamentales en el desempeño de su función como personal bibliotecario. Partiendo de lo anterior, la investigadora analiza otros puntos que, de igual manera están relacionados con el uso de las nuevas tecnologías y el internet. La educación de la clientela a la que sirve la biblioteca, la incorporación de actividades relacionadas al uso de ellas en planeaciones de clases, charlas, seminarios, asesorías, la organización intraescolar, los espacios e infraestructura, la frecuencia en la utilización de los equipos, son algunos de otros aspectos presentados en este libro.

## Enfoques de reorganización en las bibliotecas públicas ante las nuevas tecnologías

- Realizar un pronóstico del rol de las bibliotecas públicas en la sociedad de la Información.
- Analizar los principales conflictos presente y futuros en torno a las bibliotecas públicas en cuanto al uso y manejo de las nuevas tecnologías de la información.
- Esgrimir posibles soluciones a los conflictos actuales y determinar estrategias para prevenir conflictos futuros en torno a la biblioteca pública en el uso de las nuevas tecnologías.
- Definir las competencias mínimas que se exigirá al personal bibliotecario de las bibliotecas públicas para cumplir con sus tareas en la enseñanza de las nuevas tecnologías de la información a los usuarios.
- Puntualizar aspectos importantes que se deben incorporar a la formación del personal bibliotecario que labora en las bibliotecas.

El constante cambio, propio de la sociedad de la información, demanda nuevas exigencias a las organizaciones y a las personas creando la necesidad de una formación continua que permita mantener la cualificación del personal bibliotecario que labora en las bibliotecas públicas. La implantación de las nuevas tecnologías de la información en las bibliotecas públicas traerá consigo una reorganización de la misma para conseguir una mayor eficacia en su gestión interna y en los servicios que se ofrecen al usuario. En el espacio físico tradicional ahora van a convivir actividades diferentes a la vez que complementarias. Pero todo este proceso requiere una infraestructura tecnológica cuya implantación en la biblioteca conlleva una serie de problemas que hacen que la tarea, difícil por desconocida, se convierta en una carrera de obstáculos para el personal de la biblioteca. El acceso a las nuevas tecnologías supone la entrada a un mundo caótico repleto de información, que hace que el papel del personal bibliotecario se vea aumentado, al tener que llevar a cabo tareas de selección y síntesis de contenidos de interés para el usuario. La biblioteca pública contemporánea confronta la complejidad de cómo ofrecer servicios de excelencia a la sociedad puertorriqueña a la que pretende servir. Es su responsabilidad ministerial de ser un lugar de enseñanza y aprendizaje continuo donde se promueva el desarrollo de las nuevas tecnologías de la información.

El estado y el gobierno administran el Sistema Bibliotecario del país. Tienen la encomienda legislativa de proveer acceso a los servicios bibliotecarios de información y referencia gratuitos a los ciudadanos de todas las edades. Dichas bibliotecas públicas deberán responder a las necesidades comunitarias. Las facilidades deberán ser administradas por un bibliotecario y supervisadas por el Superintendente de Escuela de Distrito (Figueroa, 1990). Los estatutos del Departamento de Educación señalan a los bibliotecarios como docentes de apoyo. Esto implica que personal como educadores y profesionales de apoyo, deben tener cualificaciones académicas y profesionales que los certifiquen, además, de evidencia de capacitación profesional para cumplir con los procesos de evaluación federal.

Es importante conocer cuáles son verdaderamente los problemas del personal bibliotecario en su campo de acción, referente al equipamiento y uso de las nuevas tecnologías. Saber de sus carencias, de sus temores, preocupaciones, virtudes, gustos, capacidades y preferencias en el uso de las nuevas tecnologías. Por otra parte, es habitual la confusión entre información y conocimiento. El conocimiento implica información interiorizada y adecuadamente integrada en las estructuras cognitivas de un sujeto. Es algo personal e intransferible: no podemos transmitir conocimientos usando las nuevas tecnologías, sólo información, que puede (o no) ser convertida en conocimiento por el receptor (usuario), en función de diversos factores (los conocimientos previos de sujeto, la adecuación de la información, su estructuración, etc.). Es por ello que, es necesario saber el enfoque que se le está dando al uso de las nuevas tecnologías y el internet en el campo de acción (bibliotecas públicas) saber si los profesionales bibliotecarios tienen la visión de lo anterior dentro de la gran misión de los mismos. Sea cual sea el nivel de integración de las nuevas tecnologías y el internet en las bibliotecas públicas, el personal necesita también una alfabetización digital y una actualización didáctica que le ayude a conocer, dominar e integrar los instrumentos tecnológicos y los nuevos elementos culturales en general en su práctica docente.

Las nuevas tecnologías de la información y el internet son unas herramientas más en la biblioteca pública. Donde el bibliotecario y/o personal bibliotecario serán el guía, los facilitadores para que se dé el proceso del aprendizaje y con ello el desarrollo y potencialización de las habilidades de un sujeto. De llegar a lo antes mencionado tendrá la capacidad de resolver de la mejor forma cualquier situación problemática que se le presente en su vida. También ésta considera importante conocer si existe resistencia o disposición por parte del personal bibliotecario, si implica una carga

DRA. DAMALIN JUDITH DÍAZ SUÁREZ

más o la aligera su quehacer diario. Quizá existan personal desinformado, con resistencia, apatía y falta de compromiso por parte de autoridades educativas, de lo anterior, la posible causa en el poco impacto de las nuevas tecnologías y el internet en las bibliotecas públicas. Se pretende indagar que no se estén dando simplemente adaptaciones y pequeños ajustes en la introducción de las nuevas tecnologías y el internet.

La calidad del servicio que se presta en las bibliotecas públicas depende en gran medida del personal que interactúa con los usuarios. De ahí la importancia de la selección de las personas adecuadas para cubrir los diferentes puestos de trabajo, es reconocido que una buena selección del personal asegura mejores resultados en el desarrollo de las funciones de las personas. La verdadera importancia de la gestión del personal bibliotecario, se encuentra en la habilidad para responder favorablemente y con voluntad a los objetivos del desempeño y las oportunidades, y en los esfuerzos de obtener satisfacción, tanto por cumplir con el trabajo como por encontrarse en el ambiente del mismo. Esto requiere, que gente adecuada con la combinación correcta de conocimientos y habilidades, se encuentre en el lugar y en el momento adecuado para desempeñar el trabajo necesario.

## Actitud de las bibliotecas públicas ante las nuevas tecnologías

La actitud de las bibliotecas públicas ante las nuevas tecnologías de la información puede clasificarse de tres formas diferentes: pasivas, activas e interactivas.Biblioteca pública pasiva mantiene una relación pasiva con la tecnología. Una biblioteca pasiva es la que emplea recursos digitales y sistemas electrónicos para el trabajo en la biblioteca, pero siempre para uso individual, sin ofrecer servicios de información a los usuarios a través de la web de la biblioteca o de otro medio. Es receptora de los recursos electrónicos, pero no aprovecha las posibilidades de las tecnologías para prestar servicios de información. Tiene una actitud individualista ante la tecnología, se beneficia de los recursos y medios, que no revierte en servicios de información y comunicación para los usuarios.

Biblioteca Pública activa, es receptora de información electrónica, y transmisora de la misma, al prestar servicios basados en la tecnología de la información. Demuestra un uso dinámico de la información electrónica, que se traduce en la presencia de servicios de información bibliotecarios. Los servicios que presta una biblioteca activa son: servicios de comunicación con los usuarios (formularios, listas, correo), servicios de información y referencia (recursos consulta telemática), creación de bibliotecas digitales y repositorios (archivos digitales de textos, fotografía, etc.), información a la comunidad (enlaces de interés comunitario), difusión de la colección (acceso al catalogo en línea) o alfabetización informacional (tutorías, visitas guiadas, etc.), servicios basados en redes de telecomunicaciones. Tiene una actitud profesional ante la tecnología, empleando los recursos y sistemas electrónicos para prestar servicios de información a la comunidad de usuarios.

Una nueva actitud de la biblioteca pública es de interactividad, donde los sistemas de información electrónicos son la plataforma idónea para tener una relación abierta e igualitaria con los usuarios. Se trata de la biblioteca pública interactiva hacen uso participativo de la información electrónica, es decir, ofrecen y reciben información, a través de los servicios de información colaborativos, calificativo inexistente oficialmente, pero sí de uso común, con el que se denomina a los servicios cooperativos que se basan en entornos digitales. Esta ofrece servicios de información colectivos, en los que los usuarios pueden contribuir aportando contenidos. Comunicación con los usuarios, acceder a los recursos o difundir información con actividades que desempeñan las bibliotecas, la web social, actitud participativa ante las tecnologías, creando espacios digitales para el intercambio de información y documentación con los usuarios.

## CAPÍTULO 2

# NUEVAS TECNOLOGÍAS DE LA INFORMACIÓN EN LAS BIBLIOTECAS PÚBLICAS

## Nuevas Tecnologías de la información

Las nuevas tecnologías avanzan, y la biblioteca pública y el personal bibliotecario tiene que seguirlas. Las nuevas tecnologías de la información han introducido cambios tan significativos que las bibliotecas no han podido permanecer ajenas a ellos. Las tecnologías de la información representan un fenómeno de amplio espectro porque conllevan un verdadero cambio estructural en las organizaciones e implican el acceso de todas las informaciones. Estamos ante una doble revolución: evolución informativa, y revolución organizativa. En el ámbito de las bibliotecas, el desarrollo tecnológico que ha tenido lugar desde los años sesenta ha supuesto un cambio en el concepto tradicional de la información. Las nuevas tecnologías son el resultado de la integración de la electrónica, la informática, las telecomunicaciones, la biotecnología, la cibernética y el laser, entre otras. Estas intervienen en casi todas las actividades humanas y han surgido con el aporte de muchos especialistas, tales como expertos en electrónica digital, físicos, matemáticos, programadores, etc. Este grupo de tecnologías se caracteriza por su vertiginosa innovación y por su gran dependencia mutua, pues el desarrollo de una de ellas casi siempre va unido a las demás, fenómeno que se conoce como la convergencia tecnológica. Es así como la fusión de la informática y las telecomunicaciones surgió la telemática, la cual ha contribuido en gran medida al proceso de globalización, caracterizado por un intenso flujo mundial de capitales, tecnologías, información, telecomunicaciones y, muy especialmente, ha propiciado que se considere a la inteligencia humana como factor de desarrollo basado en el uso de conocimiento y nuevas tecnologías.

El término de nuevas tecnologías de la información fue acuñado a principios de los ochenta para hacer referencia a la importancia que adquiere la información y las tecnologías relacionadas con ellas en todos los ámbitos. Es de tal importancia su impacto que dentro de las organizaciones, la información se considera como un activo más, y se le da cada vez más importancia a su gestión. Las tecnologías de la información son las motivadoras del cambio en las bibliotecas públicas, y ellas deben ejercer su papel educativo que ayude a otros a realizar ese cambio.

Las nuevas tecnologías de la información y Comunicación (TIC) son aquellas herramientas computacionales e informáticas que procesan, almacenan, sintetizan, recuperan y presentan información representada de la más variada forma. Es un conjunto de herramientas, soportes y canales para el tratamiento y acceso a la información. Constituyen nuevos soportes y canales para dar forma, registrar, almacenar y difundir contenidos informacionales. Algunos ejemplos de estas tecnologías son la pizarra digital (computadora personal, proyector multimedia), los blogs, el podcast, teleconferencias, internet, la web, los wikis, etc.

Las nuevas tecnologías de la información en las bibliotecas. Las TIC no suprimen las bibliotecas: el futuro de las bibliotecas físicas no está en peligro. Sin embargo, se producirá una transformación en las instalaciones de las bibliotecas que dejarán de estar orientadas hacia el almacenamiento y se enfocarán al usuario. Ni siquiera el aumento de la información en Internet puede poner en peligro la existencia de las bibliotecas físicas. Por el contrario, el espacio físico y la posibilidad de tener un contacto social con un bibliotecario es algo más de lo que ofrecen los servicios normales a través de la red. El espacio público y el servicio personal son puntos fuertes que distinguen a las bibliotecas de la mayoría de los proveedores de servicio a través de la red y que ofrecen un valor añadido al usuario de las bibliotecas.

Se distinguen tres ejes principales de intervención de las nuevas tecnologías:

- La comunicación: la conjunción de las telecomunicaciones y la informática dieron lugar al desarrollo de la telemática, la cual se mejoran los servicios de comunicación.
- La información: las operaciones de producción, tratamiento y gestión de la información son ayudadas por las nuevas tecnologías.
- Almacenamiento: conservación, clasificación y consulta de la información mediante memorias ópticas que originan el documento electrónico.

## La biblioteca pública y las tecnologías

El sistema económico, social, político y cultural contemporáneo se caracteriza por el valor que posee la información como elemento esencial para la generación de conocimiento y para la satisfacción de las necesidades de las personas. Este sistema hace parte del vertiginoso avance de las nuevas tecnologías de la información que comienza, con mayor fuerza, a partir de las dos últimas décadas del siglo XX.

Así, la sociedad de la información facilita un mayor uso de las TIC y con ello otras formas de acceso a la información; situación que, unida a otros desarrollos genera coyunturas y retos para las bibliotecas públicas, expresados en la diversidad de formatos, soportes, contenidos y de la forma de acceder a la información (independientemente de las barreras geográficas, idiomáticas y temporales). Ante esta coyuntura, la biblioteca pública tiene el desafío de incorporar las TIC a sus procesos y con el apoyo del personal bibliotecario ofrecer servicios y programas que la sociedad actual necesita y espera.

En correspondencia con los principios de libre acceso y gratuita que fundamentan la existencia de la biblioteca pública, ésta debe desarrollar y cumplir funciones sociales, administrativas y técnicas para garantizar, de manera efectiva y oportuna, el acceso libre y gratuito a la información y al conocimiento, tanto en un entorno tradicional como en el contexto actual de contenidos digitales y de redes de comunicaciones que le otorgan a la biblioteca pública nuevos lugares y roles en la sociedad. Es por ello, que el desarrollo y cumplimiento de las funciones de la biblioteca pública dependen tanto de factores de orden económico, político, social, recursos humanos y de las relaciones que se establecen entre ella, los bibliotecarios y los usuarios; relaciones que están mediadas por la incorporación y el uso de las TIC. Estas relaciones se determinan y califican más desde el uso y las oportunidades que brindan el acceso a las TIC, que desde la pertinencia, relevancia y cumplimiento del derecho a la información que tienen las personas.

## Inclusión de las tecnologías de la información en las bibliotecas públicas

En los últimos años, los rápidos y fascinantes avances de las tecnologías de la información han revolucionado la manera en que se recoge, se brinda y se accede a la información. Muchas bibliotecas públicas, están respondiendo al desafío de la revolución electrónica, la han aprovechado para desarrollar sus servicios de maneras novedosas que no que no pueden menos que entusiasmarnos, cabe recordar la otra cara de la moneda. Las bibliotecas públicas tienen ante si una apasionante oportunidad de ayudar a que todos tengan acceso al intercambio mundial del que antes se hablaba y a salvar lo que se ha dado en llamar "brecha digital". Pueden conseguirlo dando al público acceso a la tecnología de la información, enseñando nociones elementales de informativa y participando en programas para combatir el analfabetismo, esto acompañado de un personal altamente cualificado en las nuevas tecnologías.

La inclusión social no sólo implica el acceso a las tecnologías de la información y comunicación, sino que significa también el ejercicio de los derechos individuales y colectivos, así como la participación activa en los procesos de autodeterminación de las necesidades propias. De acuerdo a las directrices IFLA/UNESCO para el desarrollo de servicio de bibliotecas públicas, éstas deben satisfacer las necesidades de todos los grupos de la comunidad, independientemente de su edad o condición física, económica o social, para ofrecerles acceso gratuito a la información, con la responsabilidad prioritaria de garantizar este acercamiento a los niños y jóvenes. Corresponde a la biblioteca pública desempeñar un importante papel como espacio educativo y lugar de encuentro, esto es especialmente significativo en comunidades donde la población cuenta con escasos lugares de reunión. El uso de la biblioteca permite efectuar investigaciones y encontrar información útil para la instrucción y los intereses recreativos de sus usuarios, y al mismo tiempo, fomenta el contacto informal con otros miembros de la comunidad. La importancia social de las bibliotecas y la de su insumo principal hacen de la biblioteca pública el espacio ideal para poner al alcance de todos las tecnologías de información y comunicación, constituyéndose como una puerta de entrada a la información electrónica y a los servicios digitales por parte de los miembros de la comunidad; sin sustituir ni demeritar su acervo bibliográfico. La biblioteca pública tiene una función social y una responsabilidad con la comunidad en la que está inserta, donde las tecnologías de la información y la comunicación cobran importancia y permiten a la biblioteca revalorar su papel y sus funciones. Gill (2007).

Las nuevas tecnologías de la información y la comunicación tienen el potencial de contribuir significativamente a lograr objetivos y metas propuestas y a mejorar la calidad de vida de las personas. Dentro de los beneficios que estas tecnologías ofrecen, se pueden considerar las siguientes: contribuyen a mejorar los servicios de salud; potencian el aprendizaje y la educación a distancia; modifican y flexibilizan el esquema de funcionamiento laboral y el acceso remoto a bibliotecas, museos y centros de información; contribuye a enriquecer el desarrollo cultural, y mejora el contacto entre el gobierno y los ciudadanos. En fin, las nuevas tecnologías de la información tienen la capacidad de contribuir a mejorar el bienestar de las personas, promover cambios sociales y fortalecer la democracia y la sociedad civil. Felicié, (2006). En la sociedad actual se requiere de la adquisición de destrezas de información adecuadas para que el individuo pueda comunicarse de forma efectiva. Las destrezas de información se definen como la habilidad de localizar, organizar, evaluar y comunicar la información de forma efectiva (ALA, 1989). Las tecnologías de la información y la comunicación, y los nuevos servicios le otorgan a la biblioteca pública mayor importancia en el contexto sociocultural, en tanto siguen cumpliendo con sus funciones básicas y, además, ofrecen mayor acceso al registro del conocimiento sin importar el formato o el soporte en que éste se encuentre. Adams (1994). Para usar y acceder a las TICs es importante desarrollar habilidades tecnológicas. En este sentido, Felicié Soto (2006) apunta que la lucha para disminuir la brecha digital no solamente debe considerar la disposición de las computadoras e Internet, sino en la habilidad de las personas para utilizar las tecnologías con el propósito de mejor su calidad de vida, su entorno y prácticas sociales significativas. En este estudio el objetivo no es exponer las habilidades tecnológicas de los usuarios, para ello es necesario realizar otro estudio sobre este aspecto. Consideramos que estas habilidades son parte elemental de la inclusión de este colectivo. Estas habilidades cobran significado según señala Rodríguez (2006) acerca de que el uso de las computadoras e Internet solamente es valioso en cuanto tiene una utilidad para enfrentar los retos desde la educación, el trabajo y la vida social y familiar.

La educación es parte integrante de las nuevas tecnologías. La mayoría de las bibliotecas públicas cuentan, en mayor o menor medida, con equipos informáticos que posibilitan el acceso a Internet de los usuarios. Así, los usuarios, incluso aquellos que por problemas económicos no cuentan con computadores en sus hogares, pueden acceder a un mundo que antes era exclusivo de las clases pudientes, teniendo la oportunidad de visitar museos y accediendo a conocimientos disponibles gratuitamente. Es en este sentido, que el papel del personal bibliotecario es fundamental: Cuanto más se inculque en los usuarios la posibilidad de utilizar las nuevas tecnologías, más amplio será el mundo que obra para ellos y las oportunidades que tengan de encontrar trabajo. Felicié (2006). Las tecnologías de la información y comunicación han permitido llevar la globalidad al mundo de la comunicación, facilitando la interconexión entre las personas e instituciones a nivel mundial, y eliminando barreras espaciales y temporales. Se denominan tecnologías de la información y la comunicación al conjunto de tecnologías que permiten la adquisición, producción, almacenamiento, tratamiento, comunicación, registro y presentación de informaciones, en forma de voz, imágenes y datos contenidos en señales de naturaleza acústica, óptica o electromagnética. Las Tics incluyen la electrónica como tecnología base que soporta el desarrollo de las telecomunicaciones, la informática y el audiovisual.

Desde la década de los sesenta, numerosos autores han propuesto dividir la historia humana en fases o períodos caracterizados por la tecnología dominante de codificación, almacenamiento y recuperación de la información. La tesis fundamental es que tales cambios tecnológicos han dado lugar a cambios radicales en la organización del conocimiento, en las prácticas y formas de organización social y en la propia cognición humana, esencialmente en la subjetividad y la formación de la identidad.

Sólo adoptando una perspectiva histórica es posible comprender las transformaciones que ya estamos viviendo en nuestro tiempo. El primero de estos cambios radicales ocurrió hace varios cientos de miles de años, cuando "emergió el lenguaje en la evolución de los homínidos y los miembros de nuestra especie se sintieron inclinados en respuesta a algunas presiones adaptativas cuya naturaleza es todavía objeto de vagas conjeturas a intercambiar proposiciones con valor de verdad". Harnad (1991). El lenguaje oral, es decir la codificación del pensamiento mediante sonidos producidos por las cuerdas vocales y la laringe, fue, sin duda, un hecho revolucionario. La segunda gran revolución fue producto de la creación de signos gráficos para registrar el habla. La palabra escrita permitió la independencia de la información del acto singular entre el hablante y el oyente, temporal y espacialmente determinado, la posibilidad de preservar para la posteridad o para los no presentes el registro de lo dicho oído. La palabra escrita tenía, sin embargo, algunos inconvenientes: era lenta en relación a la rapidez del lenguaje hablado, su audiencia era menor, la lectura es un acto individual (a no ser que se convierta en palabra hablada) y, en definitiva, era un medio mucho menos interactivo de comunicación que el habla. La literatura y, sobre todo, la ciencia.

Algunas de las justificaciones más comunes en el uso de la tecnología educativa son que la tecnología se encuentra en todas partes (incluyendo el campo educativo) y que las investigaciones han demostrado que los métodos educativos tecnológicos son efectivos. Roblyer y Edwards (2000) recomiendan que los profesores deban identificar las contribuciones de la tecnología a la educación. Ellos establecen unos elementos de importancia en el uso de tecnología: motivación, capacidad instruccional, apoyo a nuevos modelos instruccionales, aumento en la productividad del profesor y fomenta el desarrollo de las destrezas requeridas en la edad de la información (destrezas de información, destrezas tecnológicas entre otras).

Estos elementos contribuyen al desarrollo de la tecnología en el proceso de enseñanza/aprendizaje.

Como investigadores y educadores se observan a los estudiantes comprometerse con un aprendizaje formal, informal y no formal en varios contextos donde se establece cómo, cuándo y con quién aprenden (Greenhow, 2009). En esta actividad sociocultural la perspectiva ecológica de aprendizaje ayuda al investigador a conceptualizar, estudiar y enfocar la enseñanza aprendizaje integrando las nuevas tecnologías de la información en distintos espacios tales como hogar, escuela, bibliotecas, trabajo y comunidad. Barrón (2006) define ecología de aprendizaje como un conjunto de espacios virtuales y físicos que proveen oportunidades de aprendizaje. Esta noción de ecología de aprendizaje estipula que (a) los individuos se estimulan cuando se envuelven en varios escenarios, (b) los individuos crean el aprendizaje para sí mismos dentro de un contexto, (c) el interés que guía estas actividades permite establecer los límites de acuerdo al tiempo, recursos y libertad (Barrons, 2006). Por ejemplo, lo que un estudiante aprende fuera de la escuela puede moldear lo que ellos buscan aprender en la escuela ya que desarrollan proyectos basados en esos intereses particulares (Greenhow, 2009). Por lo tanto, el aprendizaje se puede manifestar en todos los contextos y ambientes.

## Biblioteca pública y sociedad: evolución

La biblioteca pública actual es heredera de los cambios económicos y sociales habidos hace poco más de doscientos años. Después del invento de la imprenta, fue el desarrollo de la industria del papel y el progreso de los transportes en el siglo XIX, los que favorecieron la difusión de los inventos y de los avances técnicos, la divulgación de las ideas y de las obras de creación; este flujo de transmisión incide directamente en el aumento de descubrimiento que crecen a un ritmo imparable y en la expansión general del conocimiento, propiciando un intercambio y una comunicación, que hasta entonces había estado limitada a unos pocos, que influirá notablemente en la aparición de una nueva sociedad donde la producción documental y su difusión serán determinantes para el desarrollo y el progreso.

La idea de proporcionar acceso libre a la información se va imponiendo desde los años XX, las bibliotecas, especialmente las de carácter público, se constituyen en elementos insustituibles en el proceso de formación e información del ciudadano, así como también, en relación a la difusión de las nuevas tecnologías.

Irán surgiendo leyes en todos los países que amparan y fomentan el desarrollo de las bibliotecas públicas, proporcionan normas de funcionamiento, clasifican tipos y funciones, definen competencias y en suma reconocen oficialmente la importancia social de esta institución.

En el orden internacional se crean asociaciones de profesionales que reconocen la importancia de las bibliotecas en la sociedad como elemento fundamental en los procesos de formación y comunicación. El conocimiento en todas sus formas se hace accesible a través de ellas para todos los ciudadanos en igualdad de condiciones y esta función democratizadora en el acercamiento al saber y a la cultura será recogida por organismos internacionales como uno de los fines básicos de la biblioteca pública contemporánea (Manifiesto de la Biblioteca Pública de la Unesco, 1949, 1972, renovado en 1994).

La vinculación de la biblioteca pública con la sociedad a la que pertenece, el reconocimiento de su papel y la definición de sus funciones no es algo que sea dado de forma permanente sino que sensible a las necesidades sociales que se general en cada momento debe replantease y redefinir sus objetivos, aunque el marco de servicio al ciudadano sea siempre su referencia. Las bibliotecas públicas deben seguir haciendo un esfuerzo importante por adaptarse a las nuevas demandas con énfasis a las nuevas tecnologías de información, sin abandonar tampoco aquellas funciones tradicionales de aproximación a la lectura y apoyo escolar de nuestra sociedad que está tan necesitada.

La evolución de las Bibliotecas Públicas dependió, en el pasado, de la visión, compromiso y dedicación de algunos individuos sobre la importancia de éstas en el desarrollo sociopolítico. Según Quintana (2002). Hoy, la evolución de las bibliotecas públicas depende además de la habilidad para manejar los inevitables e indispensables cambios que el desarrollo tecnológico y la nueva sociedad del siglo XXI.

## Biblioteca pública, Tecnología y sus Usuarios

Las nuevas tecnologías proporcionan en la actualidad una gran oportunidad para establecer nuevas relaciones entre los ciudadanos y las instituciones. La biblioteca pública debe implicarse de manera efectiva en los procesos importantes y que les conciernen a los usuarios, los ciudadanos deben contar previamente con información y conocimientos pertinentes que les permitan la identificación clara de sus objetivos.

Es necesario que los gobiernos y organismos públicos faciliten el acceso a la información, se fomente el uso de las nuevas tecnologías para los usuarios y se practique la transparencia informativa, como medio de estimular el desarrollo de la cultura política participativa que permita renovar las formas democráticas obsoletas.

Las herramientas basadas en las nuevas tecnologías de la información están destinadas a proporcionar un flujo de trabajo más sencillo y eficaz. Fundamentalmente facilitan los procesos y permiten que el personal bibliotecario esté disponible para realizar otras tareas. La automatización de los procesos manuales es todavía muy importante en un entorno basado en soportes físicos. Estas herramientas ofrecen la oportunidad de cambiar radicalmente la organización y el flujo de trabajo y, de este modo, favorecer el desarrollo de la organización.

## Tabla 1. Simplificación de procesos realizados en la biblioteca pública

| | Simplificación | Mejora | Sustitución |
|---|---|---|---|
| **Para los bibliotecarios** | Catálogo en línea<br><br>Control de préstamos automatizado<br><br>Adquisición automatizada y acceso a medios y materiales | Ordenadores personales cliente/servidor para sustituir terminales Intranet, almacén de datos y sistemas de flujo de trabajo | Bases de datos de texto completo en línea.<br><br>Servicios de biblioteca con valor añadido basados en la red.<br><br>Estaciones de trabajo basadas en Internet para los usuarios |
| **Para el usuario** | Catálogo en línea del material de la biblioteca<br><br>Bases de datos de consulta<br><br>Sistemas de autoservicio | Pantallas electrónicas, equipos de proyección de video, pizarras electrónicas, pantallas de video<br><br>Soportes digitales y físicos, como discos compactos, CD-ROMs, DVD, cintas de audio digitales.<br><br>Estaciones de trabajo conectadas a recursos de la red en discos de almacenamiento o CD-ROMs. | Soportes basados en Internet, como por ejemplo: bases de datos de texto completo en línea, revistas electrónicas y libros electrónicos<br><br>Servicios de biblioteca con valor añadido basados en la red |

# Nueva biblioteca pública con tecnología

Este es el mundo, que con ligeras variantes, nos ha tocado vivir y en el que la biblioteca pública tiene que actuar, ¿cómo va a conjugar funciones y servicios tradicionales a través de las nuevas tecnologías, qué política en relación con el ciudadano va a desarrollar, cómo va a enfrentar los nuevos problemas éticos, cómo va a enfrentar las necesidades que las que actualmente cuenta, cómo va a adiestrar al personal bibliotecario ante las nuevas tecnologías, cómo va a lograr su reconocimiento social y el respaldo de las administraciones, en esta sociedad competitiva y consumista donde todo se mide por resultados en términos económicos, cómo enfrentar a los desafíos ante las nuevas tecnologías?, todo ello supone un reto, pero también una oportunidad para la biblioteca pública del siglo XIX.

Aunque la apuesta de la biblioteca pública sigue siendo su papel democratizador y el servicio al ciudadano, es fácil entender a raíz de todo lo expuesto anteriormente que las formas de hacerlo no pueden ser ya las mismas ya que tampoco los usuarios lo son, así que es normal que se haya producido una crisis de redefinición de las funciones tradicionales que afecta al cometido y alcance de los servicios que se quieren ofrecer.

Las nuevas tecnologías han hecho posible que la biblioteca pueda superar los límites que impone una colección de documentos físicos para abrirse a otros productos que puedan ser consultados mediante conexión electrónica, el campo que se abre es teóricamente inmenso y la biblioteca pública se ve obligada a redefinir los servicios que tradicional venía prestando y a contemplar una serie de variables nuevas en relación con los costos de estos nuevos servicios, la exigencia o no de mantener la gratuidad, las nuevas demandas, el reciclaje profesional, etc., en resumen, debe precisar hasta dónde va a llegar y determinar los medios e instrumentos para hacer accesibles las nuevas fuentes de conocimientos a sus usuarios. La biblioteca pública tiene que defender su función transmisora de información de forma objetiva y democrática en defensa de los intereses de los ciudadanos frente a las nuevas tecnologías. Es evidente, que la biblioteca pública, aunque responda a principios comunes, se materializara en servicios y ofertas específicas, cada biblioteca será distinta de las otras, porque lo que más importa es ser sensible a las necesidades y expectativas de los ciudadanos que son sus usuarios.

Las bibliotecas públicas pueden enfrentar sus necesidades económicas a través de fondos públicos, estatales y municipales, para cubrir parte de sus necesidades de información y conocimiento. Además, de contar con la presencia profesional en el asesoramiento al usuario en la búsqueda de información, lo que hace necesario contar con expertos en las nuevas tecnologías de la información para el tratamiento, recuperación de la información y la elaboración de productos a la medida de los usuarios.

La biblioteca pública deberá siempre ser siempre un espacio neutral que puede actual como agente de cambio, de apertura e integración y siempre aumentar el conocimiento de otras culturas que cada día forman parte en mayor grado en nuestro entorno social.

## Cambios desarrollados ante las nuevas tecnologías

La visión de un aprendiz que se desarrolla de forma única y continúa a través de experiencias en interacción con el ambiente y con las personas significativas que los rodean. En las últimas décadas, las nuevas tecnologías han impactado nuestra sociedad, logrando modificar nuestra manera de vivir, de comunicar, de producir y de comercializar (Felicié, 2006). Los cambios desarrollados en las nuevas tecnologías de la información y las comunicaciones han transformado también los estilos de trabajo, la integración social, así como los campos de la ciencia, la economía la educación, y las bibliotecas, entre otros, logrando así que la comunicación cobre mayor importancia y se convierta en factor determinante en los procesos de socialización, globalización y producción de conocimiento (Felicié, 2006). Esta autora denomina el concepto sociedad de la información como un modelo económico y social en el que la información desempeña un papel medular, ya que es una forma de adquisición, almacenamiento, procesamiento, evaluación, transmisión, distribución y diseminación de información, con vistas a la creación del conocimiento de acuerdo a una actividad económica que fomente la calidad de vida del ciudadano.

La tecnología impacta el ámbito social, económico, político y educativo de la sociedad, incluyendo las bibliotecas. En la sociedad actual se requiere de la adquisición de destrezas de información adecuadas para que el individuo pueda comunicarse de forma efectiva. Hortón (2003) señala que ya no es suficiente contar con las habilidades básicas de alfabetización que tenían antes, como saber leer, escribir, hoy inclusive ya no basta saber utilizar la computadora, el teléfono u otros medios de comunicación, sino es necesario estar alfabetizado informacionalmente, esto implica no solamente saber que la información existe, si no saber cómo encontrarla, cómo utilizarla, cómo manipularla, como trasmitirla y cómo sacar provecho de ella. Debe destacarse que la Alfabetización en Información en algunos países recién se está adquiriendo en forma sistematizada en algunas bibliotecas públicas y en otras se encuentra en etapa de implementación.

Por lo tanto, un gran segmento de la población en algunos países no disponen de estas habilidades, que le permitan ser realmente un ciudadano con capacidades para ejercer sus derechos y encontrar la información que necesita, y que el rol del internet en las bibliotecas públicas es tener servicios veinticuatro horas los siete días a la semana, acceso remoto, integración social, centro de información local y incorporación de las nuevas tecnologías de la información y comunicación (TIC), y que el personal bibliotecario deberán mantener ciertas cualidades del bibliotecario tradicional e incorporar el dominio de las nuevas tecnologías de la información.

## CAPÍTULO 3

# PERSONAL BIBLIOTECARIO ANTE LAS NUEVAS TECNOLOGÍAS DE LA INFORMACIÓN

El mundo parece estar de acuerdo en que los avances tecnológicos han tenido un gran impacto sobre las bibliotecas y, más aún, sobre el personal bibliotecario. El efecto ha sido tan profundo que muchos de los profesionales del sector se están planteando no sólo cuál es la labor que deben desarrollar, sino también cuál sería la forma más correcta de denominar nuestra profesión. Puede decirse que casi todas las funciones tradicionales del bibliotecario han sufrido transformaciones y, además, han surgido tareas nuevas. El personal bibliotecario de hoy en día son consultores, imparten cursos de formación y diseñan sistemas informáticos; además, con la aparición de las nuevas tecnologías se han convertido en expertos en búsquedas en la red, en web y hasta en diseñadores de páginas web y de intranets.

Los avances tecnológicos han tenido un gran impacto sobre las bibliotecas y, más aún, sobre el personal bibliotecario. El efecto ha sido tan profundo que muchos de los profesionales del sector se están planteando no sólo cuál es la labor que deben desarrollar, sino también cuál sería la forma más correcta de denominar nuestra profesión: bibliotecario, documentalista, profesional de la información, gestor del conocimiento, de la información, científico de la información.

## Funciones tradicionales del personal bibliotecario

Puede decirse que casi todas las funciones tradicionales del bibliotecario han sufrido transformaciones y que además han surgido tareas y nuevos retos. Estas nuevas funciones deben de ser entendidas como un conjunto de actitudes, aptitudes y puntos de vista que pueden ser rápida y efectivamente aplicados a cualquier nueva oportunidad o necesidad desconocida que pueda surgir.

Con al advenimiento e incorporación de las nuevas tecnologías en actividades de carácter científico, social, cultural y productivo, el rol del bibliotecólogo ha ido experimentando una transformación en relación con sus funciones y destrezas y éste ha llegado a constituirse en un gestor de información. Este nuevo rol rompe el paradigma de un bibliotecario pasivo, facilitador de información y que demanda acciones de mayor impacto y responsabilidad social. Al respecto Coelho (1998) considera que la profesión debe plantearse muy seriamente el cambio de paradigmas largamente sostenidos que no son ya compatibles con las demandas de la sociedad.

Según Aramayo, los bibliotecólogos y documentalistas se enfrentan a cuanto menos tres cambios significativos en el modelo de trabajo que realizan:

- La transición del papel a los medios en soporte electrónico como forma predominante de almacenamiento y recuperación de la información.
- La creciente demanda de que los profesionales justifiquen su labor, desde el punto de vista del gasto que supone para la empresa mantener tanto el servicio de documentación como a los propios documentalistas.

- Los nuevos tipos de organización del mercado laboral, como son las fórmulas novedosas como los puestos de trabajo compartidos (*job sharing*), el teletrabajo *(telecommuting)*, la externalización o *outsourcing* (contratación de parte del trabajo de la biblioteca con compañías ajenas o externas), las reducciones de personal y la proliferación de trabajos en equipo.

## Cambios de sus funciones ante las nuevas tecnologías

Estos cambios suponen transformaciones en cuanto a su perfil. Muchos profesionales coinciden en la necesidad de que el nuevo profesional debe ser competente en lo que tiene que ver con la gestión y organización de conocimientos en varias disciplinas: la formación de usuarios, la educación, la investigación, la administración de recursos y servicios de información y las tecnologías de la información y la comunicación Aunado a esto, debe tener una formación humanística que complemente su formación integral, y además ser innovador, creativo y proactivo.

Barber (2003) expone que la nueva era en la que se está introduciendo la sociedad se caracteriza por la aplicación de las Tecnologías de Información y Comunicación (TIC) en casi todos los aspectos de la vida de las personas; esto replantea la formación de profesionales de la información, y ello deberá analizarse por:

- Desarrollar un alto nivel de conocimiento de las nuevas tecnologías de la información: la facilidad con que la información puede ser almacenada y transmitida electrónicamente unida a la pericia para acceder a ella ilegalmente, requiere de muchas más responsabilidades por parte de los proveedores de servicios de información, quienes tienen en la actualidad un compromiso mayor, no sólo para proteger sus sistemas, sino también para asesorar en lo relativo a derechos de autor.

- Facilitar el acceso y uso de la información: con la aparición de la Web a mediados de los años 90, la información comenzó a estar disponible con sólo apretar un botón. Sin embargo, se debe reconocer y aceptar que las nuevas tecnologías ponen a disposición del usuario final, en forma directa, muchos servicios de información.
- Demostrar habilidades de gestión: al hablar de políticas se deben considerar estas habilidades, no sólo en relación con los usuarios, sino en cuanto a la presencia en el ámbito político. En el nivel nacional e internacional es esencial que las políticas de información adoptadas protejan el desarrollo económico, social y las diferencias culturales de todas las naciones.
- Responder a las demandas de un mercado laboral emergente: existen diversas posturas con respecto a la relevancia que este nuevo ambiente tendrá en el mercado de trabajo. Hay quienes confirman que el uso de Internet se incrementará en el futuro. Las computadoras y los hosts de Internet apoyarán la elaboración de productos y servicios multimedia, causarán transformaciones vitales en el sector de contenidos y contribuirán a la difusión de productos electrónicos con mayor rapidez que a la edición de medios impresos. Por otra parte, al hacer referencia al trabajo potencial, Moore (1998) menciona que el uso de las nuevas tecnologías incrementa la eficiencia y la productividad en casi todas las ramas del saber, pero también produce racionalizaciones, lo que hace suponer que las ocupaciones tradicionales desaparecerán o se substituirán.

Por otra parte, Castillo (1997), citando a Sánchez, señala que el perfil profesional del bibliotecólogo debe considerar los siguientes aspectos:

- Altos niveles de capacidad en la comunicación personal.
- Habilidad en la administración.

- Manejo de las tecnologías de información.
- Conocimiento de su área de especialidad en la biblioteca.
- Planificación estratégica.
- Visión prospectiva.
- Colaboración y cooperación con quienes generan y proveen información, y desarrollo estratégico que permita la asistencia a los usuarios.

Chacón (2007) menciona los siguientes conocimientos que debería poseer el profesional en bibliotecología y documentación:

- Poseer un entendimiento y un profundo conocimiento de los usuarios/ clientes y de sus necesidades.
- Tener el conocimiento y las destrezas para organizar y preservar la información y permitir así su acceso intelectual.
- Utilizar y estructurar tanto sistemas de información tradicionales como la tecnología de sistemas de información digital.

Poseer una visión holística de los sistemas de información de manera que integradamente interactúe con la organización, acceso y preservación de la información.

## Educación del personal bibliotecario

La intención de la Escuela de Bibliotecología y Documentación es ofrecer la oportunidad de adquirir los conocimientos y desarrollar las habilidades y actitudes apropiadas para ejercer un trabajo profesional de calidad, sostenido por un alto nivel de especialización y la capacidad para adaptarse a las transformaciones, requerimientos y a la evolución continua de la Sociedad de la Información.

De esta manera, y coincidiendo con algunos de los autores señalados, se añaden además las siguientes características y habilidades como parte de la formación:

- Desarrollo de la investigación como parte del perfil profesional.
- Formación humanística.
- Manejo de una lengua extranjera, de preferencia el inglés.
- Capacitación permanente (educación continua).
- Apropiación personal del quehacer y el desarrollo de la Institución.
- Empatía con los usuarios de la información.
- Valores éticos e integrales y una buena dinámica.
- Actitud positiva al cambio.
- Trabajo en equipo y participación interdisciplinaria.
- Educador.
- Compromiso con la excelencia del servicio.
- Creador de productos y servicios innovadores y competitivos.
- Participativo y cooperativo.

## Cambios venideros ante las tecnologías

También es importante tener en cuenta, tal y como lo apunta De la Vega (2005), considerar algunos factores como imprescindibles para enfrentar los cambios venideros:

- Una formación teórica y práctica sólida basada en planes de estudio de pre y posgrado que surjan de la investigación de la realidad, sus necesidades y su proyección.
- Una investigación permanente, en particular, del mercado laboral, que ofrecería información valiosa para conocer la naturaleza cambiante de éste, sus características y proyecciones, y con base en

ello tomar decisiones respecto a los planes de estudio y los perfiles profesionales.

- Proyección de la profesión a través de los gremios profesionales y los grupos de trabajo que contribuyan a hacer más visible la profesión y su ámbito de acción.

- Acercamiento universidad-empresa, en el que los estudiantes tengan la oportunidad de poner en práctica los conocimientos adquiridos, así como la posibilidad de proyectarse en la comunidad mediante prácticas supervisadas, trabajo social y desarrollo de investigaciones.

El importante papel que deben desempeñar los y las bibliotecólogos en la sociedad actual representa un reto difícil pero no imposible. Su formación constituye una obligación para quienes nos desempeñamos como docentes, quienes tenemos la obligación de hacer realidad la formación de profesionales íntegros, competitivos y comprometidos con las necesidades que demanda la sociedad de la información.

Tal y como lo expresa López, el profesional de la información debe ser un agente de cambio, capaz de contribuir con su esfuerzo cotidiano e incansable a la creación de una clara conciencia institucional acerca de la importancia del recurso de la información, como materia prima del desarrollo social y económico de un país.

Los Profesionales de la Información y la documentación tienen en la actualidad una misión y un desafío muy importante en esta era de la información y el conocimiento el cual se puede resumir como el aprovechar la tecnología del mundo globalizado y reducir de alguna forma la brecha entre informados ricos e informados pobres, permitiendo que todos participen de la sociedad de la información, creando una cultura de individuos con capacidad de trabajar con información, para su desarrollo personal y profesional.

## El profesional de la información

La profesión de los informadores y documentadores ha sufrido profundos cambios y transformaciones debido a la incorporación de las nuevas tecnologías en las distintas unidades de información. La computadora personal, el acceso a base de datos, bancos de datos, discos compactos, multimedia, los desarrollos de software para la gestión documental que posibilitan almacenar gran cantidad de información y por último la aparición de internet han modificado y cambiado la tradicional perspectiva del profesional.

Aunque en principio se hubiera podido suscitar la idea de que la profesión del bibliotecólogo por ejemplo, desaparecería con la irrupción de la información electrónica y de las bibliotecas virtuales, con las cuales las actividades tradicionales efectuadas por los bibliotecólogos quedarían sin sentido, y el documento virtual dejaría de lado al libro impreso, a lo cual se puede afirmar que la cultura digital y la cultura impresa aun coexisten, y toda vía no se vislumbra una separación radical entre estos soportes de información, implicando que el nuevo profesional bibliotecólogo deberá mantener ciertas cualidades tradicionales e incorporar el manejo de la nuevas tecnologías, como así también aplicar herramientas de administración y gestión de documentos para responder eficazmente a los requerimientos de la actual sociedad.

## Código de ética profesional

Las siguientes reglas de conducta profesional fueron adoptadas por la Asociación Nacional de Profesionales de Bibliotecas como guía general, aunque ello no comparta una negación de la existencia de otras no expresadas y que pueden resultar del ejercicio de las actividades profesionales. Por tanto, no debe entenderse que permitan todo aquello que no venga expresamente prohibido por ellas, porque sólo son directrices generales de la conducta profesional y la expresión de nuestra legítima esperanza de que, en el futuro, los bibliotecarios ocupen el lugar que les corresponde en el campo profesional.

- Las relaciones entre bibliotecarios han de basarse en la observación de las más estrictas reglas de la convivencia social, como corresponde a personas dedicadas a una labor cultural que se inspira en un alto sentido de comprensión y simpatía humanas.
- Las asociaciones profesionales son un medio para conseguir los fines legítimos que los asociados se han trazado, y en ningún caso vehículo de propaganda o instrumento al servicio de un grupo o de un individuo.
- Constituye un deber la colaboración profesional en empresas bibliotecológicas de interés colectivo, siempre que se hayan cursado las oportunas invitaciones.
- Es un deber profesional informar a la Asociación de la presencia en el país de cualquier bibliotecario o miembro de organismo de intercambio cultural y bibliotecológico, así como de cualquier acontecimiento profesional dentro o fuera del país.
- La crítica de los trabajos profesionales de los colegas deberá hacerse con un espíritu constructivo y un elevado tono, sin otra mira que la de fijar los conceptos indispensables al progreso de la profesión.
- Las críticas profesionales hechas en público, de palabra o por escrito, cuando afecten a las prácticas u orientaciones seguidas por una biblioteca o escuela de bibliotecarios, aunque sea la misma en que labora el autor de la crítica, sólo podrán hacerse a invitación de la autoridad máxima de aquélla.
- Las polémicas, de palabra o por escrito, han de ajustarse al espíritu cordial que debe reinar en una profesión que no tiene otra meta que propiciar el desarrollo del saber y de la cultura.

- Se considera una falta de ética profesional la condena por los tribunales como consecuencia de cualquier delito común grave o, no siendo grave, que dé lugar al descrédito público, o la realización probada de cualquier otro acto no político que dé lugar a la separación del cargo.

- Cuando un compañero de profesión, de reconocida capacidad, se separe injustamente de su cargo en una biblioteca, sin formación de expediente, se considerará una infracción grave de este Código el que otro compañero acepte ocupar el puesto vacante. Siempre que este caso se presente, el compañero a quien se ofrezca el cargo deberá consultar el caso con la directiva de la Asociación y ajustar su conducta a lo que ésta aconseje.

- El bibliotecario que ocupe la dirección de una biblioteca deberá ocupar sus puestos con los aspirantes mejor calificados en el orden profesional.

- El bibliotecario director deberá comunicar al personal de la biblioteca todo aquello que pueda ser de interés para el mejoramiento profesional del cuerpo de funcionarios, sin perjuicio de la obligación que todo jefe tiene de guardar la debida discreción en el cargo.

- Los libros se preservan y organizan para el lector.

- Como intermediario profesional entre el libro y el lector, todo bibliotecario debe mostrar al público que concurre a la biblioteca un espíritu cordial, acogedor y siempre estar dispuesto a disimular cualquier estado psicológico particular que pueda entorpecer su deber profesional.

- La apreciación de la capacidad profesional de un compañero dentro de una misma biblioteca sólo podrá hacerse por aquel que, en calidad de jefe, esté en el deber de informar a su superior.

- Constituye una falta de ética profesional la infracción de los Estatutos, Reglamentos y demás disposiciones de la Asociación y sus organismos, así como de las disposiciones de carácter urgente dictadas por el presidente actuante en el ejercicio de sus facultades estatutarias.

- Todo bibliotecario deberá hacer suya la causa de la profesión, y apoyar con su filiación y sus esfuerzos Asociaciones de Bibliotecarios, Bibliotecólogos y Profesionales de la Información.

El profesional en Información y documentación en la actualidad debe ser un experto en la manipulación, recuperación y acceso a la información, capaz de traerla al usuario que la demande de una forma oportuna e integra sin importar el punto geográfico o lógico en el que se la encuentre. Su función ya no es solo de conservador celoso y obsesivo que centraba gran parte de su atención a ser el depositario del conocimiento como lo fue tradicionalmente por mucho tiempo, sino que más bien ha mutado hacia una comprensión de sí mismo como un moderno profesional, encargado del tratamiento y la gestión de la información, apoyado por herramientas ya sea manuales o de tecnológicas de punta y todo ello en procura lograr satisfacer las necesidades informativas de la comunidad de usuarios a la cual sirve.

Entre sus compromisos sociales está el de descubrir y diagnosticar las necesidades de información de la comunidad a la cual sirve, creando servicios y productos de alta calidad, acordes al tecnológico mercado de información actual.

DRA. DAMALIN JUDITH DÍAZ SUÁREZ

# CAPÍTULO 4

# LA SOCIEDAD DE LA INFORMACIÓN

## Las bibliotecas públicas en la sociedad de la información

Algunos de los factores que han contribuido a forjar la expresión "Sociedad de la Información" son: Explosión de conocimientos teóricos, Extensión de innovaciones tecnológicas y Explosión de la información-documentación. La biblioteca pública no ha sido en absoluto ajena a esta nueva realidad e intenta adaptarse a la revolución digital que estamos viviendo y que sólo es el principio de la llamada era de la información y el conocimiento, y las nuevas tecnologías permiten responder a las nuevas demandas.

Healy, Senn Breivik & Shay discutieron temas relacionados con la democracia, la literacia y la productividad respectivamente que fueron planteados en "The White House Conference on Library and Information Services" (1991). Éstos propusieron recomendaciones para lograr el mejoramiento de las bibliotecas y los servicios de la información en la nación. Senn Breivik específicamente hizo sus aportaciones en el área a de la literacia en la sociedad de la información, enfocándose en el rol de la biblioteca y los servicios que en ésta se ofrecen. Explicó ésta la necesidad de educar desde la escuela elemental en ambientes cambiantes y ricos en información atendiendo a una diversidad amplia de formatos por ser éstos los que van a encontrar los aprendices del siglo XXI. (White House Conference on Library and Information Services, 1991).

Las metas que guían el proceso de desarrollo del continuo adiestramiento sobre las tecnologías emergentes en los procesos de enseñanza y aprendizaje de IDEAL son (IDEAL, 2008) establece que deben las bibliotecas públicas:

a) Establecer el uso de la tecnología como una alta prioridad y promover el concepto de que la inversión en tecnología es una inversión en el futuro.

b) Facilitar la integración en el currículo de las computadoras y otras tecnologías, tanto como herramientas para la enseñanza como materias de estudio.

c) Promover la educación en línea y la enseñanza complementada por internet como modelos valiosos para alcanzar las metas de la universidad.

Las actividades desarrolladas para alcanzar estas metas son:

a) Estimular la evaluación de las nuevas tecnologías como parte del proceso de aprendizaje.

b) Proveer un foro sobre el uso exitoso de la tecnología en la enseñanza.

c) Promover la comunicación efectiva entre los miembros de la comunidad en torno a asuntos tecnológicos relacionados a la educación.

d) Facilitar el desarrollo de modelos tecnológicos innovadores en la formulación de nuevos cursos y programas.

e) Desarrollar un sistema de incentivos, recompensas y reconocimiento para el profesorado interesado en el uso de la tecnología en la enseñanza

DRA. DAMALIN JUDITH DÍAZ SUÁREZ

f) Estimular la participación del profesorado en conferencias y talleres sobre tecnología y métodos tradicionales de enseñanza.

g) Desarrollar modalidades alternas de enseñanza tales como educación a distancia, enseñanza complementada por Internet y enseñanza asistida por la computadora

h) Desarrollar y ofrecer adiestramientos en enseñanza apoyada por tecnología para el profesorado.

i) Crear directrices y guías sobre el diseño de cursos en línea.

j) Colaborar con otras universidades y centros de educación en línea.

## Estudios realizados sobre la incorporación de las Nuevas Tecnologías de la Información.

El estudio denominado *Las bibliotecas públicas en España: una realidad abierta*. (2001). Tuvo como objetivo fundamental analizar profundamente la situación de las bibliotecas públicas españolas e identificar el alcance e impacto social de los servicios que ofrecen, así como la imagen que los ciudadanos tienen de ellas. Este estudio fue el producto de un convenio colaborativo firmado en enero de 2000 entre la Fundación Germán Sánchez Ruipérez y la Dirección General del Libro, Archivos y Bibliotecas. La primera parte presenta un análisis y descripción de los datos sobre la realidad de las bibliotecas públicas españolas, dirigido por Hilario Hernández, Director del Centro de Desarrollo Sociocultural de la Fundación Germán Sánchez Ruipérez. Este estudio, donde se evidencia la reducción de la distancia que existía entre los indicadores españoles y las recomendaciones de los organismos internacionales para evaluar los servicios de biblioteca, tuvo como base un proyecto de investigación sobre tres áreas fundamentales:

a. La realización de tres estudios de opinión sobre las bibliotecas públicas: entre la población del Estado Español, entre los bibliotecarios y entre políticos, administrativos y profesionales.
b. La recopilación y explotación de los datos estadísticos disponibles sobre las bibliotecas públicas.

El aspecto de este estudio que tiene mayor relevancia para la presente investigación es la encuesta a bibliotecarios. El objetivo de la misma era auscultar la opinión de los profesionales que dirigen las bibliotecas públicas de España. Se tomó en consideración: el funcionamiento de las bibliotecas en los servicios ofrecidos, los materiales disponibles, la participación en redes de cooperación, y el apoyo y las dificultades que perciben para prestar un servicio adecuado. El universo utilizado fue la totalidad de las bibliotecas públicas españolas. El tamaño de muestra fue de 600 bibliotecarios, la cual presenta el 18.6 por ciento del total. Se realizo una selección de aleatoria y proporcional al número de bibliotecas a nivel provincial. Se utilizo una encuesta postal con un cuestionario semiestructurado. El índice de respuesta y el grado de colaboración fueron altos. Conforme a los resultados de esta encuesta, el 20 por ciento de las bibliotecas proveen acceso a internet y el 50 por ciento tienen intención de hacerlo. El 10 por ciento ofrecen servicios o información de la biblioteca en la Web y el 40 por ciento tienen intención de hacerlo. La encuesta a bibliotecarios reveló que el 51 por ciento de los jóvenes y el 41.21 por ciento de los adultos no utilizan la biblioteca porque no les ofrece nada que les interese. Muchas bibliotecas públicas españolas ofrecen servicios basados en las nuevas tecnologías de la información, en los nuevos soportes digitales y en Internet. Lo más comunes suelen ser de tres tipos: servicios tradicionales (prestamos, referencia, obtención de documentos, etc.), servicios locales de acceso, y alfabetización en las nuevas tecnologías de la información y nuevos servicios remotos basados en las redes y en internet. Este estudio fue fundamental para obtener un mejor conocimiento de la realidad de las bibliotecas públicas españolas a fin de establecer, políticas, tomar decisiones y desarrollar planes y estrategias de acción para garantizar el acceso democrático de todos a la información. El mismo tiene muchos elementos en común con esta investigación. Se encuestó a bibliotecarios que están al frente de las bibliotecas públicas respecto al funcionamiento, servicios, recursos, el apoyo que reciben y las dificultades que perciben en el ejercicio de sus funciones para prestar un servicio adecuado. El estudio sobre las bibliotecas españolas se basó de un cuestionario para obtener información de los bibliotecarios. A diferencia de esta investigación, este estudio español incluyó la opinión de la población que utiliza las bibliotecas públicas y consideró estudios monográficos. Fue más comprensivo y la encuesta fue postal.

*The impact of new library information technology on knowledge, skills, and attitudes of university professors at the Rio Piedras Campus of the University of Puerto Rico* (Capeles, 1997): Este estudio mide el impacto de las nuevas tecnologías de información en las bibliotecas donde el conocimiento, las destrezas y las actitudes de los profesores de cinco escuelas que ofrecen programas doctorales en una institución universitaria pública en el norte de Puerto Rico. Los resultados de este estudio demostraron que las tecnologías de información de las bibliotecas tienen un impacto menor en el conocimiento y las destrezas de los participantes y que existe una actitud positiva a cerca del aprendizaje de los recursos y como aplicarlos en actividades académicas. Los participantes se encuentran iniciando un desarrollo en el conocimiento de las tecnologías y destrezas. No se encontraron diferencias significativas entre la relación entre las variables demográficas. Se concluye que es necesario mejorar el acceso a las redes de la institución, aumentar la cantidad de computadoras y desarrollar un programa donde la biblioteca y la escuela adiestren a la facultad en el uso de la tecnología.

Otro estudio fue *Sociedad de la información en Puerto Rico: Percepciones, retos y desarrollo para los bibliotecarios y profesionales de la información.* (Amil y otros, 2003). En Puerto Rico se desarrolló una encuesta con el propósito de identificar la percepción de los bibliotecarios sobre su rol en la sociedad de la información. El cuestionario utilizado consistió en 12 preguntas de selección múltiple, además de datos demográficos. Se distribuyeron 122 cuestionarios de los que se recuperaron 85, es decir, tuvo una respuesta del 70 por ciento. Un 85 por ciento de los encuestados indicó que las nuevas tecnologías de la información habían impactado muy significativamente en sus funciones como profesionales de la información.

El estudio denominado *Maestro bibliotecario: Percepción del rol instruccional.* (Hernández, 2009). Investigó aspectos fundamentales de la percepción del maestro bibliotecario acerca del rol que desempeña como maestro de destrezas de literacia de información y colaborador instruccional que son fundamentales en la preparación profesional de éstos. Además se estudió la relación de estas variables con los años de experiencia del maestro bibliotecario y los requisitos de elegibilidad que cumple para ocupar la plaza según establece la Carta Circular Número 6-2004-2005. Además se identificaron las fuentes de las cuales sustenta la visión de su rol instruccional. Mediante los procesos de clasificación, organización, medición y análisis de los datos que se obtuvieron en este trabajo investigativo, se derivarán conclusiones que contribuirán al desarrollo de estrategias que contribuyan a un mejor desempeño del Programa de Servicios Bibliotecarios y de Información en pro de mejorar el logro académico de los estudiantes. El tipo de investigación que se utilizó en este estudio es de naturaleza descriptiva. El enfoque que se seleccionó es cuantitativo ya que los datos que se recuperaron son susceptibles a cuantificación. Para esto se utilizaron procesos estadísticos que permitieron dar respuesta a las preguntas de investigación. La población en este estudio estuvo constituida por los maestros bibliotecarios de Puerto Rico del Sistema de Educación Público y Privado y que fueron mayores de edad, (21 años o más).

Este estudio auscultó la percepción del maestro bibliotecario acerca de su rol instruccional cuando investigó la percepción de éste acerca del rol que desempeña como maestro de las destrezas de literacia de información y colaborador instruccional. Además, se investigó la fuente de la cual sustenta su percepción y si existe relación entre esta percepción con los años de experiencia y con los requisitos de elegibilidad que posee para ocupar la plaza de maestro bibliotecario. Las conclusiones y recomendaciones a las que se llegó en esta investigación pueden ser utilizadas como una contribución a los Programa de preparación de maestros bibliotecarios, maestros de la sala de clases y directores escolares así como los Programas de Desarrollo Profesional de todos los componentes involucrados en el proceso educativo. Además a la toma de conciencia del rol instruccional del maestro bibliotecario en estrecha colaboración con el maestro de la sala de clases.

Según el estudio *La integración de las herramientas sociales currículo de la educación superior en Puerto Rico: La percepción de la facultad.* (Pagán, 2010). Esta investigación pretende entender la percepción del profesor sobre la integración de las herramientas sociales al currículo de la educación superior en Puerto Rico. El estudio está basado en el método cualitativo con un enfoque descriptivo de estudio de caso y el instrumento seleccionado es la entrevista. Se entrevistaron diez profesores de cinco o más años de experiencia en la educación a nivel superior (pública y privada) los cuales son expertos en el uso de las herramientas sociales. El propósito de esta investigación es identificar las destrezas, conocimientos y actitudes de la facultad en el uso de las herramientas sociales (blogs, wikis, marcadores sociales, entre otros) integradas al currículo de la educación superior en Puerto Rico para estudiar su potencial en mejorar el aprendizaje del estudiante a través de la creatividad, colaboración y el compartir información. De esta forma se presenta la realidad actual de los participantes en la utilización de las nuevas tecnologías de la Web 2.0 y se identifican las barreras significativas en la implementación de esta integración. Se obtienen resultados concretos que permiten identificar estrategias efectivas para la implementación de esta tecnología y establecer unos principios básicos que ayudan al profesor a guiarlo en el proceso de seleccionar las herramientas e integrarlas al currículo.

Otro estudio desarrollado fue el titulado *La frecuencia de uso y el conocimiento que tienen los educadores del "Blog" como técnica de enseñanza.* (Ferrer, 2010). Este estudio surge motivado por el problema de la poca frecuencia de la integración de la tecnología en los procesos de enseñanza y aprendizaje en los programas de preparación de maestros. El estudio titulado frecuencia de uso y conocimiento que tienen los educadores del "blog" como técnica de enseñanza, se realizó en un ambiente educativo universitario subgraduado específicamente en un programa de preparación de maestros. Con motivo de enmarcar esta investigación se seleccionó como punto de referencia la teoría de los siete principios de una enseñanza efectiva desarrollada por Chickering y Ehrmann (1996) y Chickering y Gamson (1987), y la teoría de los cinco principios del salón constructivista desarrollada por Brooks y Brooks (1999). Ambas, relacionadas entre sí conforman el marco teórico para este estudio. La población del estudio fueron 44 educadores de los cuales participaron 43. Para este estudio se seleccionó el método cuantitativo con enfoque descriptivo y el diseño de encuesta. Mediante un cuestionario se midió el conocimiento de éstos acerca del uso de esta técnica dentro de un ambiente pedagógico constructivista. Los resultados presentaron que los educadores tienen un conocimiento moderado de la efectividad que presenta el uso del "blog" como técnica de v enseñanza. Por otra parte, los educadores expresaron que usaban con una frecuencia muy baja los "blogs" como técnica de enseñanza. Los sujetos expresaron que las razones principales para no hacerlo o hacerlo con

DRA. DAMALIN JUDITH DÍAZ SUÁREZ

poca frecuencia es la falta de conocimiento técnico y el tiempo que ocupa usar esta técnica. Se establecieron cuatro recomendaciones para atender el problema; (1) difundir los resultados de este estudio entre los educadores del programa de preparación de maestros, (2) diseñar un curso de educación continua que este accesible a los educadores del programa de preparación de maestros, (3) que el diseño de este curso tome en consideración que debe estar más inclinado a desarrollar en los educadores el conocimiento técnico de la creación y publicación de los "blogs" como técnica de enseñanza, que hacia el conocimiento teórico sobre su efectividad y (4) que el diseño de este curso tome en consideración que los educadores, aprendices en el curso, son adultos.

Quintana (2002): *Las nuevas tecnologías de información y la educación de bibliotecarios profesionales: Un nuevo modelo curricular basado en la percepción de los egresados y su patrón referente al Programa Graduado en Administración de Bibliotecas Escolares de la Escuela de Educación de la Universidad del Turabo.* Su propósito fue:

a.  Conocer la opinión de los egresados del Programa Graduado en Administración de Bibliotecas Escolares de la Escuela de Educación de la Universidad del Turabo sobre las características de actitudes, conocimiento en Nuevas Tecnologías de la Información y la educación para el cambio con la característica de empleabilidad.

b.  Conocer la opinión del patrono sobre la preparación y adiestramiento en nuevas tecnologías de la información de los egresados con relación a las actitudes fundamentales en el desempeño real de su función como profesional.

c.  Conocer las actitudes necesarias para modificar el currículo de dicho programa. El diseño de este estudio fue descriptivo dentro del enfoque multimetodológico. La población del estudio fueron 83 egresados desde año 1997 en que se inicia el programa hasta junio de 2001 del programa y su director escolar y/o director de biblioteca como patrono.

El investigador desarrolló dos instrumentos para esta investigación:

- un cuestionario para egresados
- unas preguntas guías que responden a las mismas áreas temáticas del instrumento.

Las variables demográficas, se analizaron mediante la coeficiente de correlación de Pearson, para la parte B del instrumento se utilizó una prueba T para determinar si existía diferencia entre el grado de satisfacción entre los adiestramientos en las áreas especificas de nuevas tecnologías de la información y el dominio que poseen. Los criterios utilizados en esta prueba T en el área de especialidad de la parte B: manejar bases de datos en CD-ROM, uso de computadoras, uso de procesadores de palabras, y manejar la Internet indicaron que existía diferencias significativas entre el adiestramiento recibido y el dominio en estas áreas siendo el adiestramiento menor que el dominio. Los hallazgos de la investigación señalan que los participantes indican tener poco adiestramiento en la utilización de las nuevas tecnologías de la información, los encuestados demostraron tener dominio de estas tecnologías y tienen un alto grado de satisfacción hacia la preparación recibida para funcionar como profesional de bibliotecología. Las personas graduadas en años más recientes indican mayor nivel de adiestramiento y las féminas le dan mayor importancia a la preparación y educación para el cambio como criterio de empleabilidad.

Los encuestados manifestaron en la pregunta abierta que el Programa en Administración de Bibliotecas Escolares debe dar más énfasis en las áreas que componen las nuevas tecnologías de la información. Las entrevistas a los patronos mostraron una tendencia a la satisfacción con el adiestramiento recibido en nuevas tecnologías por sus empleados así como con el dominio de estas que demuestran. Los patronos indicaron que el profesionalismo, la organización y el liderazgo son las características de perfil de sus empleados. Las partes C y D (Área de perfil y Área de empleabilidad) fueron analizadas mediante el resumen ad verbatim de las contestaciones de los participantes y así como las entrevistas a los patronos.

En esta se determinó el grado de dominio y satisfacción ante las nuevas tecnologías de la información los cuales fueron fundamentales para obtener un mejor conocimiento de la realidad sobre las características de actitudes y conocimiento en el desempeño de sus funciones ante las nuevas tecnologías de la información y la educación para el cambio como características de empleabilidad.

## Desempeño de las bibliotecas públicas ante las nuevas tecnologías

Como se ha discutido previamente, las bibliotecas públicas desempeñan un papel medular en el ejercicio de la democracia y en la sociedad de la información. Si las bibliotecas no constituyen vehículos para disminuir la desigualdad en la transición de nuestro país hacia la sociedad de la información y no cumplen con su ineludible responsabilidad de proveer acceso a la información sobre una base de igualdad, de cara a los retos que presenta la sociedad de la información sus usuarios están en una posición de desventaja a las nuevas tecnologías de la información ya que estas son poderosas herramientas para incrementar y fortalecer los servicios que ofrece actualmente las bibliotecas públicas. Con las nuevas tecnologías las bibliotecas públicas permiten el acceso fácil, rápido y eficiente a una gran variedad de contenidos, contribuyen a la creación y divulgación de la información y facilitan el intercambio de los bienes de información. El uso de las nuevas tecnologías de la información en las bibliotecas públicas permite alcanzar la efectividad en la enseñanza y que promueve el logro de una educación tecnológica. Debemos entender el nivel destreza, conocimiento y actitudes del personal bibliotecario que labora en las bibliotecas públicas acerca del uso de las nuevas tecnologías de la información, esto permite tener un panorama más claro sobre la importancia del tema y las necesidades actuales que pueden enfrentar las bibliotecas públicas. Además de obtener conocimiento sobre el estado actual de las bibliotecas públicas en lo que respecta a la incorporación y utilización de las nuevas tecnologías de información. Este conocimiento es fundamental para determinar si estas bibliotecas cumplen cabalmente con su responsabilidad social de proveer a sus usuarios acceso equitativo a la información ante los desafíos que presenta la sociedad de la información. Además, ayudará a identificar las fortalezas, áreas débiles y oportunidades de mejora, particularmente en la incorporación de las nuevas tecnologías de la información.

El papel del papel de las bibliotecas públicas y el personal bibliotecario ante la nueva sociedad de la información es sumamente importante y existen muchas oportunidades en este momento para poder explotar sus actividades tradicionales, así como las de reciente creación. Si no se aprovechan pronto dichas oportunidades, otros profesionales tendrán que tomar las riendas. La imagen del personal bibliotecario tradicional de las bibliotecas públicas tendrán que cambiar para poderse integrar en el ambiente actual en que predominan las nuevas tecnologías de la información.

## CAPÍTULO 5

# NECESIDADES DE LAS BIBLIOTECAS PÚBLICAS ANTE LAS NUEVAS TECNOLOGÍAS DE LA INFORMACIÓN

## Recursos Humanos

*"El bibliotecario es un intermediario activo entre los usuarios y los recursos. Es indispensable su formación profesional y permanente para que pueda ofrecer servicios adecuados."*

(Manifiesto de la UNESCO sobre la Biblioteca Pública, 1994)

Las Directrices IFLA/UNESCO indican que el personal es un recurso de vital importancia en el funcionamiento de una biblioteca y que el mismo deberá ser suficiente para asumir esas responsabilidades. Estas pautas recomiendan que los bibliotecarios titulados deban constituir la tercera parte del personal de la biblioteca. Las Directrices IFLA/UNESCO para el desarrollo del servicio de bibliotecas publican destacan que los "bibliotecarios titulados son profesionales que han cursados estudios de bibliotecología e información de grado universitario o de posgrado.

## Personal bibliotecario

El personal bibliotecario es un elemento esencial, un recurso básico para el correcto y eficaz funcionamiento de una biblioteca pública. Las bibliotecas públicas deben contar con personal suficiente y con la formación apropiada para ejercer sus funciones.

El personal bibliotecario representa, por lo general, la proporción más elevada del prepuesto de una biblioteca y deberían ser considerados por ello uno de sus activos primordiales.

El personal que trabaja en las bibliotecas públicas debería tener las siguientes cualidades y habilidades:

• Habilidad para la comunicación
• Conocimiento de los recursos disponibles y de cómo acceder a ellos.
• Capacidad para comprender las necesidades de los usuarios.
• Respeto a los principios del servicio público.
• Habilidades para identificar los cambios y para garantizar la manera flexible la gestión del servicio.
• Aptitud para el trabajo en equipo.
• Amplia formación cultural.
• Disposición para adaptar las funciones y los métodos de trabajo ante las nuevas situaciones que se produzcan.
• Imaginación, visión de futuro y disposición favorable a nuevas ideas y prácticas.

Actualmente en varias bibliotecas públicas de diferentes ciudades el personal bibliotecario tiene poco adiestramiento en la utilización de las nuevas tecnologías de la información, demuestran tener poco dominio y adiestramiento de estas tecnologías y tienen poco grado de satisfacción hacia la preparación recibida para funcionar como profesional de las nuevas tecnologías de la información. Los Programas en Administración de Bibliotecas Públicas, el Departamento de Educación y los gobiernos Municipales y Estatales deben dar más énfasis en las áreas que componen las nuevas tecnologías de la información a todo el personal bibliotecario que labora en las bibliotecas públicas, incluyendo al director y/o encargado.

## Políticas de información

Los directores y/o encargados de las bibliotecas públicas reconocen que enfrentan serios obstáculos con las autoridades municipales o estatales a que éstos responden que les impiden cumplir con su misión de proveer acceso a la información. Estos a su vez tienen la iniciativa de promover que se atiendan las necesidades de las comunidades a las que sirven sobre las nuevas tecnologías de la información y que se establezcan estrategias adecuadas y pertinentes respecto a la incorporación de éstas, además de que se obtenga el financiamiento necesario para estos fines. Esta actitud por parte de las autoridades municipales o estatales no promueve que se atiendan las necesidades particulares de la comunidad para establecer las estrategias más adecuadas para la incorporación efectiva de las nuevas tecnologías de la información, incluyendo programas de destrezas en el uso efectivo de la información y las nuevas tecnologías de la información en el personal bibliotecario y que se obtenga el presupuesto necesario para que las bibliotecas públicas obtengan los recursos necesarios para servir en un 100% a las comunidades de nuestro país.

Los directores y/o encargados de las bibliotecas públicas están de acuerdo que existan muchas carencias en cuanto a la implantación de las nuevas tecnologías de la información en las bibliotecas.

## Infraestructura

*"Los servicios han de ser físicamente accesibles a todos los miembros de la comunidad. Esto requiere que los edificios de las bibliotecas públicas estén bien situados, con buenas condiciones de lectura y estudio, tecnologías adecuadas y un horario suficiente y apropiado."*

(Manifiesto de la UNESCO sobre la Biblioteca Pública, 1994)

Utilizamos el término instalaciones para referirnos al espacio físico que ocupa un servicio de biblioteca pública, ya sea un edificio o parte de él. Se incluye asimismo una referencia al mobiliario y al equipamiento necesario para la adecuada prestación de servicios.

Su consideración de servicio básico para la comunidad conlleva la necesidad de situarlas próximas al ciudadano, en zonas de fácil acceso y bien comunicadas; asimismo, cuando el número de habitantes o las características del municipio lo requiera, deberán articularse redes urbanas que garanticen la correcta distribución del servicio y el principio de proximidad.

Los municipios deberían reservar espacios adecuados para ubicar las bibliotecas públicas. Por su valor estratégico como servicio básico a la comunidad, estas pueden servir a la vez de elemento estructurador de determinadas zonas o barrios.

Las instalaciones de la biblioteca pública deben ser gestionadas de manera integral; la biblioteca debe gestionar todos los servicios y actividades que se realicen en sus instalaciones. Estas deben disponer de:

- Espacio adecuado para organizar y exponer la colección de la biblioteca.
- Espacio adecuado, confortable y atractivo para que el público haga un uso apropiado y conveniente de los servicios de la biblioteca.
- Espacio suficiente para que el personal de la biblioteca pueda realizar sus tareas de manera eficiente y cómoda.
- Espacio suficiente con todos los recursos tecnológicos.

Las bibliotecas públicas deben ser atractivas y han de diseñarse de modo que faciliten la accesibilidad, flexibilidad, instalaciones eléctricas, y también en la medida posible, su ampliación.

## Financiación

La financiación de la biblioteca pública es responsabilidad de las administraciones locales, autonómica, estatal, federal y central, que deben aportar coordinadamente los recursos suficientes para el desarrollo y mantenimiento de las bibliotecas públicas, tanto en lo que se refiere a inversiones, recursos tecnológicos como gastos de funcionamiento.

La administración pública es su conjunto garantiza, de este modo, que el acceso a los servicios de las bibliotecas públicas sea igual para los distintos colectivos de ciudadanos. La responsabilidad de la financiación corresponde especialmente a los gobiernos locales, al ser éste el ámbito natural de las bibliotecas públicas. En esta obligación, los ayuntamientos, especialmente los de pequeño tamaño, deben contar con el apoyo financiero de los alcaldes. Asimismo, las comunidades autónomas y el gobierno estatal deben contribuir con las aportaciones necesarias para mantener un buen servicio de biblioteca pública.

Las bibliotecas públicas deben contar con una fuente de financiación estable que asegure un servicio eficaz y de calidad. Ello conlleva el establecimiento de vías de colaboración económica entre distintas administraciones. En este sentido es conveniente determinar unos requisitos básicos de calidad de servicio que faciliten el establecimiento del marco de colaboración interadministrativo y su evaluación, teniendo en cuenta la necesaria flexibilidad en función del tamaño de población y de los recursos disponibles.

Las bibliotecas públicas deben mostrarse activas en la obtención de ayudas económicas privadas, federales y estatales (propuestas), ya sean estables u ocasionales destinadas a programas específicos.

## Actividades de formación

La mayoría de las bibliotecas públicas no ofrecen actividades de formación y alfabetización digital ni funcionan como centros locales de tecnologías de la información. No proporcionan enseñanza y formación sobre cómo acceder y utilizar efectivamente los recursos tecnológicos que tienen actualmente las bibliotecas, por desconocimiento del personal bibliotecario. Las bibliotecas públicas actualmente cuentan con las siguientes categorías de personal: bibliotecarios, auxiliares de biblioteca, personal administrativo, oficinistas y personal de mantenimiento. La categoría que menos abundan es el personal bibliotecario adiestrado ante las nuevas tecnologías de la información.

La riqueza de la información recopilada ha hecho posible extraer conclusiones que nos permiten constatar en la realidad sobre la situación actual de las bibliotecas públicas ante las nuevas tecnologías de la información. Se pudo establecer que el mayor número del personal bibliotecario que labora en las bibliotecas públicas, no tienen el adiestramiento y dominio necesarios en el uso y manejo de las nuevas tecnologías de la información como técnica de enseñanza en su labor como profesional de la información en las bibliotecas.

A muchas bibliotecas públicas con los cambios de gobierno, les dificulta la tarea de definir el rol que ellas tienen en la actualidad. Pero a pesar de esta situación, muchas de ellas tratan de mantener aún las funciones que les han sido tradicionales, como el apoyo a la docencia, la investigación y la extensión, encargándose de adquirir, organizar y difundir información a la comunidad a la que le sirven. Además, de transferir y generar nuevos conocimientos a partir de los recursos que actualmente tienen disponibles.

Los problemas principales de las bibliotecas públicas es en torno a que el personal bibliotecario que labora en las bibliotecas es nombrado sin los requisitos necesarios de adiestramiento y dominio en tecnología, además, que el adiestramiento y dominio en tecnología son insuficientes en la mayoría del personal bibliotecario actualmente en las bibliotecas. En algunos caso han mantenido o disminuido el personal, en otros han aumentado el personal no capacitado ni adiestrado para ofrecer servicios

DRA. DAMALIN JUDITH DÍAZ SUÁREZ

bibliotecarios, especialmente en las nuevas tecnologías de la información, lo que dificulta la labor del director y/o encargado de las bibliotecas en ofrecer estos servicios a la comunidad y lo que irremediablemente los llevará a un menoscabo de la calidad de servicio que se ofrece y lo que consideramos más grave, terminará ocasionando un deterioro progresivo en la salud del poco personal motivado y capacitado por una sobrecarga de trabajo.

Existe una dificultad para enfrentar los cambios tecnológicos y lograr administrarlos eficientemente, que son los que han provocado mayor impacto en las bibliotecas, que hacen necesario recurrir a nuevas estrategias en los diversos servicios de las bibliotecas. La obtención de los recursos financieros es un problema común en todas las bibliotecas públicas, generalmente no son proporcionales a las necesidades. Esta dificultad es mayor cuando la biblioteca aún no ha alcanzado una infraestructura tecnológica y física adecuada, por lo que se debe invertir más en ella. Los municipios, el gobierno estatal, Departamento de Educación y la administración superior de las bibliotecas públicas no decide hacer fuertes inversiones económicas, por lo que los directores y/o encargados de las mismas prefieren gestionar fondos externos, a través de propuestas federales para obtener tecnologías nuevas y tratar de ofrecer un servicio a la comunidad a la que sirve, cabe señalar que muchas de estas propuestas no son aceptadas por falta de personal adiestrado en el manejo de información y conocimiento para cumplimentar, realizar y radicar las mismas.

Existe una cierta incomunicación entre la administración superior y sus bibliotecas públicas y, en esto coinciden la mayoría de los directores y/o encargados. Los canales de comunicación no siempre son productivos y los que dirigen las bibliotecas no suelen participar en la administración superior, esto no genera ningún beneficio a la comunidad a la que sirve la biblioteca. Entienden éstos que es necesario que las administraciones superiores comprendan la importancia de las bibliotecas públicas y no las trate como cualquier otro órgano administrativo, ya que es un servicio educativo y sus funciones son fundamentales para el desarrollo de las labores de la comunidad a la que sirve.

## Reglamentos, Planes y Políticas

Es importante establecer reglamentos, planes, políticas y/o directrices en torno a la utilización de información en las bibliotecas públicas. Estos deberán promover los aspectos éticos y sociales de la producción, el uso y la divulgación de la información, tales como:

- Libertad de expresión
- Confidencialidad de información
- Derechos de todos estar informados
- Privacidad
- Seguridad de información
- Evitar censura y manipulación de información
- Proteger la diversidad de ideas
- Propiedad intelectual sin menoscabar el dominio publico
- Calidad y confidencialidad de información
- Respeto a la dignidad del ser humano
- Uso de las nuevas tecnologías

Estos deberán ser compatibles con sus más elevados valores, tales como igualdad, libertad, solidaridad, justicia, inclusión social y el respeto a su cultura.

## CAPÍTULO 6

# PERSONAL BIBLIOTECARIO DE FRENTE A LAS NUEVAS TECNOLOGÍAS DE LA INFORMACIÓN

El personal bibliotecario de las bibliotecas públicas son los que brindan servicios a la comunidad a la que sirven. Las nuevas tecnologías de la información y la comunicación impusieron cambios en el perfil del personal bibliotecario, por lo que necesitan replantear sus funciones, conocimientos, competencias, habilidades y aptitudes para continuar ejerciendo su rol de manera optima en sus labores ante las nuevas tecnologías.

## Sociedad hacia un camino global

En las últimas décadas del siglo XX asistimos a las presiones que llevaron a la sociedad hacia un camino global. Esta sociedad se caracteriza entre otras cosas por:

- La formación: es un fenómeno en constante evolución, se inicia en la niñez y continúa durante toda la vida del individuo. Todo trabajador activo debe continuar con los procesos de aprendizaje.

- Finaliza el llamado trabajo seguro: la seguridad laboral se desvanece y se convierte en un privilegio. De ahora en adelante el trabajador correrá el riesgo de perder su trabajo en cualquier instante.
- Las tecnologías: provocan la pérdida de puestos de trabajo, sólo lo más capacitados sobrevivirán. Si bien facilitan la cadena de producción incita a un profundo cambio cultural.

La revolución tecnológica provoca enormes cambios en la producción, en la formación de riquezas, en la forma de vivir, de trabajar y también plantea una modalidad más dinámica en el acceso a la información. La competencia por el dominio de sistemas más sofisticados de transmisión de información lo obliga a una competitividad más intensa que solo podrá sortear a partir de una capacitación constante e innovadora.

## Denominaciones en las funciones del personal bibliotecario

El personal bibliotecario ha recibido denominaciones diversas, que dependen de los recursos de información utilizados, de especialistas, de servicios, de tipos de fondos y documentos, etc. Algunas de estas denominaciones son:

- Archiveros
- Bibliotecarios
- Analistas de información
- Referencistas
- Documentalistas o Analistas documentales
- Informáticos documentales
- Expertos o Gestores de bases de datos
- Expertos en información
- Consultores, Gestores y Planificadores de Sistemas de Información

- Especialistas en Multimedia
- Cibertecarios
- Etc.

La imagen social del personal bibliotecario ha sido de persona pasiva, que trabajan en sitios pasivos en que no se hace nada y tienen mucho tiempo para leer, con escasa iniciativa, y que sirven para buscar información. Hoy se intenta actuar con nuevas actitudes que creen una imagen positiva en la comunidad de usuarios. En el pasado quienes ejercían la función de bibliotecario eran eruditos, pues investigaban el fondo a su cargo desde un punto de vista histórico y filológico. En la actualidad, la figura del personal bibliotecario es multidimensional, y sus tareas varían según se trabaja en las bibliotecas. Asimismo, también dependerá de su entorno, es decir si es bibliotecario que trabaja sólo o que trabaja con sistemas de redes.

## El nuevo profesional

El personal bibliotecario con el tiempo, se ha convertido en un agente social constructor de información, dejando de ser un mero facilitador de libros. Los nuevos profesionales se desempeñan como consultores, imparten cursos de formación e intervienen en el diseño de sistemas informáticos: además, con la aparición del internet, se han convertido en expertos en búsquedas en la red, en web y hasta en diseñadores de páginas. Por tanto, han tenido que adaptarse a los cambios impuestos por las nuevas tecnologías.

- El nuevo profesional reúne las siguientes características:
- Tiene actitud versátil, original y creativa frente a un problema nuevo.
- Es capaz de generar las preguntas adecuadas que conducen a la resolución de problemas.

- Es capaz de adquirir naturalmente y por sí mismo un nuevo conocimiento, método o técnica frente a la exigencia que le plantean los problemas de sus clientes.
- Cuenta con las aptitudes necesarias para enfrentar problemas no académicos de ámbitos, tales como el de los desarrollos tecnológicos, industriales o empresariales, aun habiendo sido formado en la dinámica académica de la creación y transmisión de conocimientos.
- Dominio y adiestramiento ante las nuevas tecnologías de la información.

## Nuevas funciones del personal bibliotecario ante las nuevas tecnologías

Las tareas del personal bibliotecario de hoy son:

- Interpretar las necesidades de información del usuario
- Comunicar conocimientos acerca de los recursos de información disponibles
- Diseñar sistemas de acceso a la información, automatizando procesos técnicos y administrativos
- Utilizar herramientas telemáticas para proporcionar servicios.
- Utilizar técnicas de gestión científica para la organización de los servicios.

## Funciones atribuidas a los bibliotecarios en la sociedad de la información:

- Almacenador y guardián de la cultura
- Informador y comunicador
- Intermediario y filtro

- Educador
- Asesor de consulta

## Personal bibliotecario del futuro

La globalización de la información a través del internet nos ofrece la posibilidad de producir y distribuir contenidos de conocimientos. Esto ha generado un agresivo crecimiento y difusión de información en la gran red global por no existe un reglamento para la inclusión de información y documentos. Una vez incluido es muy difícil restringir su uso, pero es aún más difícil el conocer y controlar la información. Este rápido e intenso flujo de información nos obliga a analizarla, pues significa un acceso irrestricto al conocimiento. Se hace entonces, necesario anticiparse a las nuevas formas de adquirir y producir conocimiento.

Las bibliotecas públicas del futuro se encuentran inmersas en un mundo global. La razón de ser la biblioteca pública del futuro consistirá en acercar la información a los usuarios independientemente de su ubicación y formato. Para permitir la interacción entre usuario e información, el personal bibliotecario deberá conocer en forma exhaustiva los elementos que participan:

- Las colecciones, independientemente de su formato y medio de presentación
- La tecnología y desarrollo de diferentes redes de telecomunicaciones y redes de información.

El personal bibliotecario de hoy debe asumir su nuevo rol. Es el intermediario para el acceso, localización y utilización de los recursos de la red, pues el uso de las nuevas tecnologías los ha obligado a desarrollar herramientas y habilidades que les permitan navegar por el ciberespacio a través de las nuevas tecnologías de la información. Su función principal será la de ayudar al usuario a acceder a la información deseada, sin importar en qué lugar del mundo se encuentre.

## Reto del personal bibliotecario de hoy

El concepto del personal bibliotecario tiene que cambiar con el propio mecanismo de la información. El personal bibliotecario no está solamente en la biblioteca físicamente. Ahora, hablamos de un personal bibliotecario virtual o cibertecario, a quien los usuarios no tendrán que ver físicamente, pues pueden tener acceso a la biblioteca desde sus casas.

Nos encontramos frente a un nuevo panorama, con nuevas actividades y actitudes del manejo de la información a través de las nuevas tecnologías; otorgando así un servicio experto a un nivel adecuado para todos los usuarios.

## Nuevo perfil profesional ante nuevas competencias

El personal bibliotecario debe ser capaz de crear, mantener y expandir las bibliotecas digitales; capaces de un aprendizaje constante y provisión de recursos nuevos, y lo más importante, capaz de innovar. El profesional de una biblioteca de estas características debe estar en continua formación debido a la rapidez con la que avanzan y cambian las nuevas tecnologías. Por ello, se considera muy importante que el personal bibliotecario posea una amplia formación profesional pero principalmente unas cualidades innatas aptas para este tipo de trabajo. Estos profesionales deben tener inquietudes por aprender, estar al día, conocer lo último en su ámbito profesional y leer mucho pero de forma selectiva. Debe ser una persona con imaginación y visión de futuro, y dispuesta a hacer realidad esa visión. Las bibliotecas del Siglo XXI serán gestionadas por este tipo de profesionales y sus conocimientos deberán centrarse en:

- Teoría y práctica de HTML
- Imagen
- OCR (Optical Character Recognition)
- Acceso a bases de datos e indización
- Técnicas de formación efectivas
- Conocer nuevas técnicas que se puedan utilizar para la creación de nuevos tipos de colecciones y servicios usando las tecnologías actuales.
- Deben tener amplios y claros conocimientos para saber seleccionar adecuadamente la colección que se va a digitalizar.
- Saber escanear
- Uso de videos conferencias
- Creación y manipulación de imágenes para el Web.

La tendencia actual de los bibliotecarios ante las nuevas tecnologías se centra en los siguientes aspectos:

- De la biblioteca centralizada a la información centralizada
- De la biblioteca como institución a la biblioteca como proveedor de información, y los bibliotecarios como especialista de la información que abarca todo el ámbito relacionado con la información.
- De la utilización de las nuevas tecnologías para la automatización de funciones de la biblioteca a la utilización de la tecnología para mejorar el acceso a la información y el suministro de documentos que no están contenidos físicamente en las 4 paredes de la biblioteca.
- De la red de bibliotecas para la provisión de información a la red de bibliotecas para todo tipo de suministradores de fuentes de información.

Estos profesionales deben seguir con un servicio de actualización permanente para estar al corriente de los cambios producidos en las tecnologías y los métodos de acceso y suministro de información con el fin de poder crear y gestionar las bibliotecas digitales. La inversión financiera de la biblioteca para contar con personal cualificado es muy importante así como su continua formación para adaptarse a los nuevos cambios y oportunidades de la era electrónica que repercutirá en un mejor servicio al usuario.

El personal bibliotecario debe caracterizarse entre otras cosas por:

- Estar orientado directamente a los usuarios, para dar un servicio efectivo
- Orientarse a la formación de usuarios, promoción y uso de servicios.
- Promover los servicios especiales y asistencia que pueda dar.
- Tener una función intermediaria.
- Ser experto y estar abierto a las tecnologías de información.
- Ser adaptable y estar preparado para los cambios.
- Ser un gestor, y saber valorar los costes de las actividades y el tiempo empleado.
- Manejar relaciones públicas con las personas en su entorno. Saber trabajar en equipo.
- Ser creativos
- No ser apático a los cambios ante las nuevas tecnologías de la información.

## Herramientas de trabajo de los profesionales de la información

Hoy día estos profesionales tienen la oportunidad de utilizar herramientas que les permite ofrecer un servicio más completo, rápido y sofisticado a sus usuarios. Las bases de datos y fuentes de referencia pueden consultarse vía Internet, los catálogos de las bibliotecas están accesibles de forma remota, los grupos de noticias y las listas de discusión ofrecen una oportunidad para discutir temas que afectan a más de 1 profesional, y el correo electrónico permite contactar con colegas que pueden ayudar a solucionar un problema en un momento determinado, y todo esto en un mínimo de tiempo.

Es posible que el rol del personal bibliotecario y la biblioteca como lugar, como institución, logren un avance en tanto y cuanto las personas y las tecnologías se lo permitan. Me parece que es importante que las bibliotecas se desarrollen y a su vez, nosotros como profesionales de la información lo hagamos con ellas. Más allá de los alcances de la tecnología, de los medios económicos con los que contamos, del patrimonio humano y de todos los elementos que debe contener la biblioteca, es necesario que la actitud del profesional de la información, sea la de mirar al futuro y pensar en la tecnología, como una forma de integración a este mundo que día a día crece alrededor nuestro. Que la biblioteca sea parte de este nuevo mundo y perdure por siempre como lo hizo desde sus comienzos hasta la actualidad.

## CAPÍTULO 7

# REALIDAD DE LAS BIBLIOTECAS PÚBLICAS ANTE LAS NUEVAS TECNOLOGÍAS DE LA INFORMACIÓN

## Realidad de las bibliotecas públicas y las tecnologías

La mayoría de las bibliotecas públicas no cuentan con los recursos tecnológicos para la automatización, catalogación automatizada y catálogo en línea. La mayor parte de las bibliotecas cuentan con el catálogo de tarjetas. Las que cuentan con la automatización de sus recursos, el catálogo en línea y Internet, no cuentan con el personal bibliotecario calificado para realizar la catalogación automatizada. La mayor parte del personal bibliotecario no posee educación formal o reglamentada en bibliotecología y las nuevas tecnologías de la información.

Las bibliotecas no tienen claramente identificados los objetivos en cuanto a la adquisición y la utilización de las nuevas tecnologías de la información. En la mayoría de las bibliotecas no existen planes, políticas ni reglamentos sobre las nuevas tecnologías de la información. Por lo tanto, el estudio demostró claramente que las bibliotecas públicas no están capacitadas para adaptarse a los cambios del medio ambiente y responder a los retos de las nuevas tecnologías de la información.

Este libro ayudará a identificar los patrones, similitudes y diferencias encontradas en cada situación presentada en las bibliotecas públicas.

## Recomendaciones para enfrentar las nuevas tecnologías de la información en las bibliotecas públicas

Las nuevas tecnologías de la información están transformando continuamente nuestras bibliotecas públicas y que estás ocupan un lugar importante en las redes de información y comunicación y, son unas herramientas que brindan un alto rendimiento, además de tener grandes beneficios a los procesos de enseñanza y aprendizaje de la comunidad a la que sirve, la investigadora recomienda lo siguiente:

1) Que la administración superior de las bibliotecas públicas debe determinar las destrezas, conocimientos, aptitudes y actitudes acerca del uso de las nuevas tecnologías de la información del personal bibliotecario aplicadas en las bibliotecas públicas, obtener un panorama más claro sobre la importancia del tema y las necesidades actuales que pueden enfrentar las bibliotecas públicas ante las nuevas tecnologías de la información. Esto permitirá identificar las estrategias efectivas y buenas prácticas para la integración efectiva de las nuevas tecnologías de la información e identificar las posibles áreas para la integración de las nuevas tecnologías de la información y fomentar el conocimiento, la comunicación y colaboración del personal bibliotecario con la comunidad a la que sirve ante las nuevas tecnologías de la información.

2) En cuanto al personal bibliotecario cada biblioteca debe definir lo que necesita, es necesario que estén gestionadas por personal bibliotecario especializados en gestión, y de preferencia en grados académicos. Se constata también la necesidad de contar con informáticos dentro del personal permanente de la biblioteca. Es imprescindible que se designe personal bibliotecario que tenga conocimiento de las nuevas tecnologías de la información, que sean innovadores en su trabajo y posean conocimiento en bibliotecología

y tecnología y, que éstos puedan capacitar a la comunidad a la que sirven en el uso de las nuevas tecnologías de la información.

3) Capacitar a todo el personal de la biblioteca en la utilización de las nuevas tecnologías de la información, y dotar a las bibliotecas de infraestructura y equipos tecnológicos que les permitan ofrecer servicios innovadores relacionados con las nuevas tecnologías de la información. Para que la comunidad a la que sirven tenga acceso a todos los servicios de información a través de las nuevas tecnologías de la información y puedan utilizar los servicios tecnológicos con los que cuentan.

4) Orientar a las personas que toman decisiones en las bibliotecas públicas sobre las grandes ventajas que ofrece el uso de las nuevas tecnologías de la información y automatizar las funciones de la biblioteca a través de ellas. Deben reestructurar estas funciones mediante la incorporación de las nuevas tecnologías de la información. Crear una unidad que sea responsable de los servicios técnicos, establecer políticas, directrices con relación a las funciones tecnológicas de la biblioteca. Adquirir catalogación automatizada, creación de páginas Web, catálogo en línea, préstamos de recursos automatizados, mantenimiento de las bases de datos y otros recursos tecnológicos. Se debe suministrar a las bibliotecas del equipo necesario para ejercer efectivamente sus funciones. Es fundamental capacitar al personal bibliotecario respecto a la manera de utilizar correctamente los servicios tecnológicos para que obtengan el mayor provecho posible en todos los servicios automatizados con los que cuenta actualmente las bibliotecas públicas.

5) Orientar al personal directivo de las bibliotecas públicas respecto a la importancia de establecer, planes, políticas, reglamentos y otros documentos necesarios que establezcan lineamientos y normas para la integración sistemática y el desarrollo estructurado de

las nuevas tecnologías de la información. Se deben capacitar al personal bibliotecario para la capacitación y la elaboración de esos documentos.

6) Unir los esfuerzos de las autoridades municipales, el gobierno estatal, el Departamento de Educación, las comunidades, las universidades, las organizaciones, las empresas privadas y los ciudadanos para reconocer que las bibliotecas públicas no están cumpliendo cabalmente con su responsabilidad de proveer acceso a la información de cara a los retos que les presenta la sociedad de la información. Reconocer el papel importante que desempeñan las bibliotecas públicas en el ejercicio de la democracia, y traducir ese reconocimiento en un sólido respaldo financiero y apoyo auténtico a todas las bibliotecas. Asegurarse de cuáles son las necesidades básicas de las comunidades en el uso y manejo de las nuevas tecnologías de la información en las bibliotecas públicas. Aunar esfuerzos y establecer alianzas estratégicas entre todos los sectores para hacer que las nuevas tecnologías de la información en las bibliotecas públicas sean accesibles a todas las personas, particularmente a los más necesitados que no poseen ni los recursos ni el conocimiento para acceder a ellas.

7) Una mayor dedicación de las autoridades competentes en cuanto al personal bibliotecario que labora en las bibliotecas públicas, debido a que su trabajo no está en congruencia con el trabajo que se realizan. Es imprescindible que el Departamento de Personal designe personal bibliotecario que domine las nuevas tecnologías de la información, que se capacite al personal que labora en las bibliotecas en cuanto al uso y manejo de las nuevas tecnologías, capacitar a todo el personal en la utilización de las nuevas tecnologías. Apoyar cursos de educación en cuanto a las tecnologías. Establecer contacto con instituciones educativas que ofrecen cursos cortos de

bibliotecología, tecnología de la información, desarrollar programas particulares de formación, cursos, seminarios y talleres para todo el personal bibliotecario, incluyendo a los directores y/o encargados. Estas actividades de formación se deben dar prioridad a la gestión de la biblioteca pública y a la incorporación de las nuevas tecnologías de la información. Se debe evaluar la distribución de las categorías de personal asignados a las bibliotecas públicas y los criterios por los cuales se rige la designación de su personal. Se debe hacer una profunda revisión de los criterios que se utilizan para designar el personal en las bibliotecas públicas.

8) Que las bibliotecas públicas cuenten con una distribución de personal por categoría acertada, con el personal bibliotecario idóneo y con la cantidad de personal adecuado. Se debe concientizar a las autoridades y funcionarios pertinentes de que la selección y nombramiento del personal de las bibliotecas públicas debe responder a los mejores intereses, a necesidades particulares de las bibliotecas y a criterios de selección validos y acertados.

9) Que el personal de apoyo (facilitadores) deba orientarse y canalizar las necesidades, además de velar por el cumplimiento de las normas que se establezcan para garantizar el buen uso de los recursos tecnológicos. En el caso del personal de las bibliotecas públicas, deben entender el valor de los cambios y estar preparados para ofrecer servicios innovadores y atractivos para la comunidad a la que sirven a través de las tecnologías con una actitud profesional y abierta. Cisler (1998). Las bibliotecas públicas requieren una gestión responsable, independiente, sostenible y competente en la organización de los recursos y en la prestación de servicios. Las actividades a desarrollar necesitan servicios previsibles y garantizados para la comunidad a la que sirven a través de las nuevas tecnologías de la información que serán el máximo aval de su pervivencia. La

prestación de estos servicios, estará supeditada a la existencia de la infraestructura tecnológica y física, además del equipamiento técnico necesario.

10) Orientar al personal directivo de las bibliotecas públicas, a los alcaldes, al personal gerencial del Programa de Servicios Bibliotecarios y de Información del Departamento de Educación y a todas las personas que toman decisiones en torno a recursos económicos de las bibliotecas públicas, sobre la importancia de que cuenten con sus fondos propios y recurrentes para poder atender las necesidades particulares de las bibliotecas relacionadas con las nuevas tecnologías de la información.

11) Estimular al personal bibliotecario, director y/o encargados de las bibliotecas públicas que no posean preparación académica en bibliotecología y/o tecnología de la información a que realicen estudios formales en los diferentes programas de las escuelas graduadas de bibliotecología y ciencias de la información. Es importante la gestión eficiente de los recursos, para esto es conveniente dar una mayor preparación en gestión a los directores y/o encargados, que generalmente tienen a cargo al personal bibliotecario, y por tanto, se hace necesario cursos de bibliotecología y tecnologías de la información a los encargados de bibliotecas públicas. El personal bibliotecario deberá contar con aptitudes y cualidades en el dominio y destrezas de las nuevas tecnologías de la información, y capacidad para identificar, analizar y satisfacer las necesidades de información de la comunidad a la que sirve. No se debe olvidar que las demandas de la comunidad son cada vez mayores y se necesitan profesionales de alto nivel y personal especializado para responder a ellas. Los directores y/o encargados de las bibliotecas públicas que aún no cuentan con recursos tecnológicos deben alertar a sus respectivas autoridades y funcionarios de alto rango sobre la urgente necesidad

de que se establezca conexión a través de las nuevas tecnologías de la información más eficientes. Se deben desarrollar propuestas a su municipio, empresas privadas y al Departamento de Educación para que, mediante fondos municipales, estatales o los fondos federales, para que las bibliotecas públicas obtengan la infraestructura tecnológica y todo el equipo necesario para la integración de las nuevas tecnologías de la información. Es indispensable atender las necesidades e intereses particulares de la comunidad local a la que la biblioteca pública sirve.

12) Desarrollar una reforma en las bibliotecas públicas para revitalizarla y les permita atender efectivamente las necesidades de información a través de las nuevas tecnologías de la información de las personas que utilizan sus servicios. Que les permita cumplir con su misión y responsabilidad de manera acorde con los cambios tecnológicos en los nuevos roles que se han generado en las bibliotecas públicas de cara a la transición hacia la sociedad de la información. Esta reforma deberá considerar:

    a.  Legislación para que se asignen fondos destinados a recursos informativos y tecnológicos.

    b.  Establecer políticas de información y de uso de las nuevas tecnologías de la información.

    c.  Establecer redes, consorcios y convenios de colaboración con las universidades, escuelas, empresas privadas, organizaciones y otras entidades.

    ch)  Identificar las características y necesidades de información particulares de cada comunidad.

    d.  Establecer planes estratégicos para desarrollar nuevos y mejores servicios bibliotecarios en conformidad con las necesidades particulares de la comunidad a la que sirve.

e. Formular políticas y establecer acuerdos relacionados con la catalogación compartida, préstamos interbibliotecarios a través de las tecnologías y apoyo técnico.

f. Establecer programas de alfabetización digital para desarrollar en los usuarios destrezas en el uso efectivo de la información y los recursos tecnológicos.

Para que las bibliotecas públicas funcionen como un centro local de tecnologías de la información se deben realizar actividades con el propósito de orientar a todas las personas que toman decisiones en las bibliotecas públicas, sobre el valor y la importancia de los recursos tecnológicos. Es fundamental orientar tanto al personal bibliotecario como a la comunicad respecto a la manera de utilizar correctamente las nuevas tecnologías de la información para obtener ventajas de estos recursos y proveer servicios de formación y alfabetización digital a través de las tecnologías. Es esencial que se formulen políticas de información y de uso de las nuevas tecnologías de la información. Se debe crear una legislación para que asignen fondos destinados a proveer a las bibliotecas públicas los recursos tecnológicos que propicien el acceso a la información.

13) Establecer alianzas con las escuelas de bibliotecología destinadas a desarrollar programas particulares de formación, cursos, seminarios y talleres para que el personal bibliotecario que labora en las bibliotecas públicas. En estas actividades de formación se debe dar prioridad a la gestión de biblioteca pública y a la incorporación de las nuevas tecnologías de la información. Es imperativo el establecimiento de programas estructurados de alfabetización digital para desarrollar en las personas destrezas en el uso efectivo de las nuevas tecnologías de la información. Expandir los servicios tecnológicos que ofrecen las bibliotecas públicas aumentando y mejorando la información gubernamental disponible en la Web y proveer las transacciones

gubernamentales a través de las bibliotecas públicas. No se debe olvidar que los cambios en las bibliotecas públicas son y serán una constante, que la tecnología impulsa nuevas realidades en el ámbito de la información para los cuales nunca se está suficientemente preparado, de ahí que sea conveniente estar atento a todas las nuevas tendencias que aparecen en el horizonte de las organizaciones y de la gestión. Es necesario, por tanto, planificar formas para introducir en las bibliotecas públicas una efectiva gestión del conocimiento con la ayuda de las nuevas tecnologías de la información.

14) Alianza estratégica entre los municipios, las bibliotecas públicas y las Universidades con Programas de Bibliotecología y Tecnologías de la Información. Surge basada en los hallazgos y resultados de este estudio encontrados por la investigadora, entendiendo la necesidad urgente que existe de compartir conocimiento, ayuda, destrezas, dominio con el personal bibliotecario de las bibliotecas públicas, a través de los estudiantes de Bibliotecología y Tecnología de la información. Es útil, justo y necesario que las instituciones universitarias y las bibliotecas públicas unan sus fuerzas con el fin de ofrecer todo un conjunto de servicios complementarios para la comunidad a través de las nuevas tecnologías de la información.

La actual marcha por separado de estas instituciones es un error, ya que las bibliotecas pierden la capacidad de fortalecer lazos con otros grupos de la comunidad con los que necesitan asociarse para compartir destrezas y desarrollar el compromiso de servicio público que ha sido siempre el emblema de las bibliotecas públicas desde su creación. Por el contrario, "*es el momento de integrar esfuerzos, y es ahora cuando las bibliotecas deben trabajar estrechamente con espacios*", tal y como expresaba la actual presidenta del IFLA, Raseroka (2004), en su discurso de inauguración del último Congreso General de la IFLA, "*La cooperación, que debe ir siempre de la mano de las necesidades de la comunidad, incrementa la capacidad de las universidades y de las bibliotecas públicas para ofrecer nuevos servicios, aumentando su credibilidad y su experiencia para formar e informar".* Estas nuevas alianzas, coaliciones, usuarios y formas de trabajar, pueden ser un reto estimulante para las bibliotecas públicas más innovadoras o en atraso centradas en la provisión de servicios más tradicionales y de forma aislada.

Existe la necesidad de vincular las universidades con programas de bibliotecología con las bibliotecas públicas y de que éstas amplíen sus roles tradicionales para desarrollar determinadas funciones de forma conjunta. El propósito de esta recomendación es poner de manifiesto la posibilidad de cooperar en la prestación de algunos servicios comunes de estas instituciones: ofrecer un único punto de información a la comunidad relevante que cubra sus necesidades tanto de carácter local como general; y conectar el conocimiento de los estudiantes de bibliotecología y tecnología a las carencias de formación en el manejo de las mismas del personal bibliotecario que labora en las bibliotecas públicas, esto es, la alfabetización digital. La base de esta cooperación es que estas instituciones son actores conscientes de la necesidad de diseñar acciones innovadoras y creativas que faciliten la igualdad de oportunidades, la participación de los ciudadanos en la vida pública y el acceso a la cultura y la educación, para contribuir al cierre de la brecha digital y aumentar su calidad de vida.

Actualmente las bibliotecas públicas necesitan de la cooperación de estas instituciones, para cumplir a cabalidad con sus objetivos de cumplir con las necesidades de información de la comunidad a la que sirven, por ello es necesario hacer una recopilación de los desafíos, características, servicios y requisitos comunes y tenerlos en cuenta como punto de partida para una deseable y futura cooperación. Se requiere una buena disposición por parte de los sectores implicados. El compromiso colectivo que suponen las bibliotecas públicas y las universidades, serán capaz de dar nuevas oportunidades para el progreso social, económico y promover el desarrollo equitativo y sostenible de las comunidades en las que están ubicadas, sobre todo entre los grupos sociales más desfavorecidos del territorio (personas demandantes de empleo, discapacitados, amas de casa, personas de tercera edad, inmigrantes, etcétera.).

La cooperación en este ámbito es de especial importancia por cuanto permite obtener el máximo provecho de la especialización de los profesionales de estas instituciones en cada uno de los ámbitos. En este sentido, la formación conjunta de estas instituciones, en los aspectos comunes, de los estudiantes de bibliotecología contribuirá a facilitar el conocimiento y reconocimiento de ambas realidades y establecer canales de comunicación más fluidos de cara a la transmisión del conocimiento específico de cada organización. Así, uniendo esfuerzos por parte de las universidades pueden asesorar a las bibliotecas públicas en aspectos técnicos, a su vez, orientar al personal bibliotecario de las bibliotecas públicas de otros recursos y destrezas. Estos aspectos tienen especial importancia en los procesos de formación continua y despertar en estos un interés genuino en proseguir estudios de bibliotecología y tecnología.

Las universidades pueden colaborar con las bibliotecas a través de los estudiantes de bibliotecología, realizando práctica y/o seminario en estas bibliotecas, como una labor comunitaria de dos a tres horas en la semana, y éstos a su vez tenga el objetivo de obtener algún crédito en su formación profesional. La unión de colaboración entre estas dos instituciones puede abarcar desde la realización de sesiones de formación a la exposición de trabajos relacionados con recursos de tecnología contribuyendo así a mejorar el conocimiento y el uso de los recursos informativos por parte del alumnado, la comunidad y el personal bibliotecario. La coordinación de los servicios es otro de los factores que puede contribuir a mejorar el rendimiento de las bibliotecas. Esta colaboración debe plantearse ya en el momento de planificar los servicios bibliotecarios en ambas unidades, salvando la especificidad de objetivos y funciones propios de cada una de ellas. De este modo, pueden establecerse prioridades en los servicios.

Otros servicios que podrían establecerse de manera cooperativa serían los generales de información, como los de difusión selectiva de la información, en los que cada institución complementaría a la otra, manteniendo al día a los profesionales de los distintos ámbitos de las novedades específicas de su interés. Así, por ejemplo, los docentes podrían recibir electrónicamente información y difundir las novedades que aparecen en el ámbito de los recursos formativos. La integración de estas instituciones no consiste simplemente en abrir las bibliotecas públicas al público general, ni en considerar la biblioteca pública como una biblioteca de centro educativo, sino que se basa en un proyecto de las dos instituciones que nace y se planifica con esta doble función, cuidando de que la comunidad a la que sirve encuentren en ella lo que necesitan

## Resumen

Hoy en día las técnicas y métodos educativos han evolucionado, como lo han hecho los intereses y necesidades del personal bibliotecario; nos encontramos en un mundo de cambios constantes, lo que produce nuevos retos, pues la aplicación de las nuevas tecnologías en la información en las bibliotecas públicas, que antes se observaba como una simple suposición, es ya toda una realidad. El personal bibliotecario no sólo presta o da información de libros, sino que ahora también tiene que manejar medios electrónicos como lo son: libros electrónicos, bases de datos, internet, correos electrónicos, video conferencias, procesadores de palabras, Web, catalogación en línea, sistemas automatizados de catalogación, filmes, videos, diapositivas, etcétera. Tiene que implementar un nuevo plan estratégico de servicio, como estar al tanto de los cambios producidos en el medio, saber cuáles son las necesidades, expectativas y exigencias de la comunidad a la que sirve, sólo así se podrá responder con excelencia en el servicio, se debe hacer sentir la presencia del bibliotecario y asegurar que se tiene la suficiente capacidad para brindar información precisa, a la comunidad a la que sirve, en el momento adecuado. Pues debe estar al tanto de los cambios que se producen en esta sociedad de la información.

Las bibliotecas públicas han formado parte de una gran revolución durante más de una década y ahora deben replantarse todas sus funciones, servicios, estructura e infraestructura. El impacto del entorno de la información electrónica y de la tecnología, en constante cambio, están forzando cada vez más al personal bibliotecario a llevar a cabo cambios sustanciales en sus destrezas y dominios. El personal bibliotecario tiene que permanecer en una continua actitud d de aprendizaje para mantenerse al tanto ante las nuevas tendencias y fuentes, deben replantearse cómo hacen su trabajo y cómo proporcionan sus servicios. Tradicionalmente el personal bibliotecario ha proporcionado servicios de referencia y de información de cierta manera, y se ha esperado que los usuarios se atengan a esos términos. Ahora, sin embargo, el personal bibliotecario debe comenzar a entender los deseos y necesidades cambiantes de sus usuarios en relación con la adquisición de conocimientos y el uso de las nuevas tecnologías de la información.

Un bibliotecario no va a desaparecer aunque, eso sí, debe surgir una nueva metodología de preparación basada en las nuevas tecnologías de la información, según Ortega y Gasset[1] *"la misión de una determinada profesión está relacionada con las necesidades que tiene la sociedad en momentos claves de su desarrollo colectivo"*.

---

[1]    José Ortega y Gasset, Misión del bibliotecario y otros ensayos a fines. Madrid. Revista de Occidente, 1962, p. 177.

DRA. DAMALIN JUDITH DÍAZ SUÁREZ

Esa es precisamente la cuestión: implementar nuevos métodos o técnicas para que el personal bibliotecario de las bibliotecas públicas pueda manejar y convivir con la interfaz tecnológica, tomando en cuenta los cambios que se están viviendo en esta era de la sociedad de la información, y la carrera bibliotecológica se divide en: 1) La técnica (indización, análisis y recuperación de información, automatización y las telecomunicaciones), 2) La administrativa (gestión de recursos humanos, físicos y financieros, planteamiento, formulación y evaluación), 3) La investigativa (investigación interdisciplinaria en el campo de la información a través de las nuevas tecnologías de la información) y 4) La humanística social (para posibilitar la capacidad crítica y de acción del personal bibliotecario en los procesos culturales y en los problemas sociales de cara a la sociedad de la información tiene que tener una actitud positiva de cara a los nuevos retos ante las nuevas tecnologías de la información).

Si bien, anteriormente, el personal bibliotecario sólo desempeñaba los siguientes papeles: conservación, preservación, organización, diseminación y administración de todo conocimiento registrado; hoy en día su misión y sus tareas son diferentes, puesto que debe tener una preparación más acorde con la era que estamos viviendo ante las nuevas tecnologías de la información y reunir una serie de características, tales como: Tener una visión clara de su papel en la sociedad, reconociendo y adoptando nuevos valores en relación al desarrollo de la comunidad a la que sirve y en cuanto a los sentimientos y reacciones de la gente además de sus necesidades. Ser un agente activo, creativo y de cambio social, que ponga a disposición de todos y cada uno de los miembros de un pueblo, sin importar su condición social, el conocimiento registrado y organizado, de manera que sea integrado y asimilado al desarrollo individual y social de las personas ante las nuevas tecnologías de la información. Aunado a las características anteriores, debe contar con una excelente preparación académica no sólo de conocimientos sino también de principios y fundamentos para poder desempeñar un trabajo de calidad y prestar un servicio óptimo a la sociedad de la información como puede ser: Creación y fomento de una sociedad tecnológica. Actuar como consultor de información ante las nuevas tecnologías de la información dirigiendo a la comunidad hacia las fuentes más idóneas para la resolución de sus problemas. Formar a las personas en la utilización de fuentes electrónicas de información ante las nuevas tecnologías de la información. Buscar fuentes de información que no son familiares a los usuarios particulares. Producir información científica y de bases de datos. Informar al investigador sobre las nuevas tecnologías de la información y de los servicios que se hallan disponibles, entre otros.

Es oportuno decir que las conclusiones de la investigación implican medidas administrativas, educacionales que deben ser puestas en marcha urgentemente, para que las bibliotecas públicas de Puerto Rico puedan asumir y guiar su propio cambio tecnológico a través de las nuevas tecnologías de la información. Queda claro que los directores y/o encargados de las bibliotecas públicas deben concertar esfuerzos en la formación del personal como una manera de informar sobre el trabajo con las nuevas tecnologías de información. La introducción de nuevas técnicas demanda una preparación profesional que incluya el desarrollo de nuevos hábitos de pensamiento y acción con respecto a las tecnologías. Deben realizar actividades como cursos, seminarios referentes a las nuevas tecnologías y producción de documentos, entre otros.

En este libro no se ha tenido la pretensión de ser exhaustivo y muchos menos hacer pensar que lo presentado es la única y definitiva solución a los problemas relacionados con las nuevas tecnologías de la información en las bibliotecas públicas. Constituye nuestro mayor interés que este libro contribuya a generar una reflexión y debate público ante las agencias concernientes, entiéndase, municipales, estatales, federales y el Departamento de Educación, sobre la incorporación efectiva de *"Las nuevas tecnologías de la información en las bibliotecas públicas: Impacto en el personal bibliotecario"*, y que, de algún modo, contribuya a impulsar el establecimiento de medidas en el personal bibliotecario que labora en las bibliotecas y el desarrollo de políticas y de estrategias para la incorporación de recursos tecnológicos adecuados para todas las bibliotecas públicas y mantener a su personal bibliotecario capacitado, en adiestramiento y dominio ante las nuevas tecnologías, y motivado, de modo que pueda prestar servicios óptimos a la comunidad a la que sirve ante las nuevas tecnologías de la información.

Al desempeñar servicios ante las nuevas tecnologías de la información, la biblioteca pública está actuando como un motor de mejora social y personal y, también una institución que propicie cambios positivos en la comunidad. Al facilitar una gran diversidad de materiales útiles para instruirse y hacer que la información sea accesible a todos, puede aportar beneficios económicos y sociales a las personas y a la comunidad. Contribuye a la creación y el mantenimiento de una sociedad bien informada y democrática y ayuda a que la gente actúe con autonomía enriqueciendo y mejorando su vida y la de la comunidad.

Es importante mencionar que ni las bibliotecas públicas ni el personal bibliotecario ni los bibliotecarios se extinguirán, sólo se pasa por un grado de evolución; lo que es cierto es que se tiene que renovar tanto en cuestiones de preparación, actitud y aptitud como de información y difusión para poder dar un servicio de calidad ante las nuevas tecnologías de la información a la comunidad a la que sirve. Las bibliotecas públicas deben ser núcleos personalizados, que promuevan la iniciativa, que estimulen la integración y la valoración del conocimiento a través de las nuevas tecnologías de la información.

# INVESTIGACIÓN PARA UN DIAGNÓSTICO Y ESTUDIO DEL ESTADO DE LAS BIBLIOTECAS PÚBLICAS EN PUERTO RICO ANTE LA INTEGRACIÓN DE LAS NUEVAS TECNOLOGÍAS DE LA INFORMACIÓN: IMPACTO EN EL PERSONAL BIBLIOTECARIO

## Introducción

A continuación se presenta un modelo para el diagnostico y estudio del estado de las bibliotecas públicas, tomado como marco de referencia *Las nuevas tecnologías de la información en las bibliotecas públicas de Puerto Rico: Impacto en el personal* bibliotecario desarrollado en Puerto Rico en el año 2012 (Díaz, 2012). La razón principal por la que se presenta el modelo de este estudio, es que la situación es similar a otros países en cuanto Durante al poco conocimiento, adiestramiento y dominio que tienen el personal bibliotecario de las bibliotecas públicas sobre el uso y manejo de las nuevas tecnologías de la información como técnica de enseñanza en su labor como profesional de la información para la comunidad a la que sirve. Ejemplifica la realidad de las bibliotecas públicas ante las nuevas tecnologías de la información, que el personal bibliotecario no posee las destrezas, dominio y adiestramiento para utilizar efectivamente el equipo tecnológico, están rezagadas. No constituyen vehículos para disminuir la desigualdad en la transición de su país hacia la Sociedad de la Información. Muchas de ellas no poseen planes, políticas, reglamentos ni otros documentos que rijan la utilización de las nuevas tecnologías de la información. No tienen una partida de su presupuesto anual recurrente designada para las tecnología as de la información. Los fondos para las tecnologías provienen principalmente de fuentes externas, particularmente del gobierno y de empresas privadas, por lo que sus recursos económicos son poco o ninguno. La gran mayoría de las bibliotecas públicas están dirigidas por personas que no poseen educación formal en el campo de la bibliotecología ni tecnologías. Situaciones como estas se repiten en países desarrollados. No basta con equipar las bibliotecas de nuevas tecnologías, se requiere mucho mas que eso, adiestramiento y dominio del personal al que sirve la biblioteca para la utilización de estas tecnologías.

## Planteamiento del problema

En el contexto de los cambios introducidos en la sociedad por los nuevos paradigmas de la llamada era de la información, se analizaron cómo afectan estos cambios al personal de las instituciones de educación superior y en especial al personal de las bibliotecas públicas. Para entender los problemas que deben resolverse se analizaron los cambios producidos en torno a su rol. Cómo le afecta la globalización y la digitalización de la información. A qué nuevas demandas deben responder, centrándose especialmente en qué cambios deben experimentar su formación para actuar con competencia en sus nuevas tareas con las nuevas tecnologías de la información. Echevarría (2004) afirma que las bibliotecas del siglo XXI, deben poseer colaboradores y facilitadores para el desarrollo del pensamiento crítico y creativo necesarios para alcanzar los más altos niveles cognoscitivos y afectivos para el cultivo de la libertad intelectual en sus usuarios. Además, señala el autor que la biblioteca es un lugar donde convergen distintos usuarios por necesidad o por acceso voluntario en búsqueda o consulta de información pertinente, relevante y actualizada, relativa al desarrollo cognoscitivo donde la meta máxima es la creación.

Según el Departamento de Educación (2005) el Programa de Bibliotecas Públicas de Puerto Rico tiene como misión ser un organismo cultural al servicio de la comunidad a la que sirve. Debe proveer de entretenimiento y actividades culturales que propendan del crecimiento personal e intelectual de todos los ciudadanos del país. Con la globalización mundial y con respeto a la diversidad cultural, promover la integración y el compartir, comparar, contrastar y respetar nuestras idiosincrasias culturales que conviven en la comunidad. Planteó la investigadora que al hablar de la incorporación de las nuevas tecnologías y el Internet en las bibliotecas públicas, hay que dotar de capacitación al personal bibliotecario, que el recurso docente tenga la asesoría y capacitación en el uso del equipo tecnológico. Los bibliotecarios y personal que laboran en las bibliotecas tienen en la actualidad una misión y un desafío muy importante en esta sociedad de la información. Deben aprovechar las tecnologías del mundo globalizado y reducir de alguna forma la brecha entre informados ricos e informados pobres. Permitir que todos participen de la sociedad de la información creando una cultura de individuos con capacidad de trabajar con información, para su desarrollo personal y profesional.

El rol del personal bibliotecario cada día es transformado exige más capacidades y preparación, demanda acciones mayores de impacto y responsabilidad social. Rivas (2003) argumentó que el especialista de información (archivista, analista de sistemas, bibliotecario, cartógrafo, documentalista, estadístico, programador, entre otros no se ha vuelto obsoleto, sino que actualmente se enfrenta al reto de asimilar un conflicto de papeles adecuando las técnicas que domina, debido a las nuevas tecnologías. Tiene que conjugar tres roles: servidor, facilitador y agente de cambio.

Sin embargo Márquez (1998) argumenta que el bibliotecólogo afronta una constante variación en la definición de su responsabilidad social, puesto que se encuentra inmerso en un entorno demandante y sediento por información. El bibliotecario se ha convertido en un agente social constructor de información dejando de ser aunque nunca lo fue un mero facilitador de libros y enciclopedias. Según Alvarado (2001) argumenta que la era de la información es todo un desafío para las bibliotecas y los bibliotecólogos. En la actualidad empieza a ser muy común el escuchar hablar de conceptos tales como las bibliotecas virtuales, digitales, sin paredes, electrónicas, gestión de la información, gestión del conocimiento, gestión de contenidos, entre otros. Según Duarte (2000) el impacto tecnológico en el sector de la información es abrumador.

Según el Instituto de Transparencia y Acceso a la Información INFOEM (1996) en la incorporación masiva de la Tecnología de la información a gran parte de las actividades productivas y de carácter científico está modificando los roles de muchos profesionales y en nuestro ámbito el profesional no debe quedarse al margen. Se entiende que el profesional en información y documentación en la actualidad debe ser un experto en la manipulación, recuperación y acceso a la información, capaz de traerla al usuario que la demande de una forma oportuna e integra sin importar el punto geográfico o lógico en el que se la encuentre. Su función ya no será sólo de conservador celoso y obsesivo que centraba gran parte de su atención a ser el depositario del conocimiento como lo fue radicalmente por mucho tiempo. Más bien ha mutado hacia una comprensión de sí mismo como un moderno profesional, encargado del tratamiento y la gestión de la información, apoyado por herramientas ya sea manual o de tecnológicas de punta. Todo ello procura lograr satisfacer las necesidades informativas de la comunidad de usuarios a la cual sirve. Entre sus compromisos sociales está el de descubrir y diagnosticar las necesidades de información de la comunidad a la cual sirve, creando servicios y productos de alta calidad, acordes al tecnológico mercado de información actual. Bonilla (2003) argumenta que la biblioteca durante décadas ha sido el espacio natural para que miles de usuarios se acerquen para consultar los libros necesarios para satisfacer sus necesidades de información. El autor Bonilla (2003) ha replanteado su directriz hacia las tendencias actuales indicado que estos centros se convierten en espacios democratizadores de la cultura. Es decir, donde todo ciudadano puede acceder al conocimiento e incluso a las nuevas tecnologías como la computadora, bases de datos, soportes multimediáticos e Internet, sin hablar del nuevo concepto de biblioteca digital y virtual. Los ciudadanos generan un comportamiento más complejo en cuanto a su dinamismo, pues ya no es necesario tener una búsqueda de información presencial en una biblioteca, sino que la biblioteca del futuro está en la capacidad de llegar al usuario. Sin embargo, la biblioteca es un lugar donde convergen distintos usuarios por necesidad o por acceso voluntario en búsqueda o consulta de información pertinente, relevante y actualizada, relativa al desarrollo cognoscitivo donde la meta máxima es la creación.

El estudio demostró que las bibliotecas públicas actuales no reúnen las características del nuevo modelo, ni tienen los recursos disponibles para atender la demanda de las nuevas tecnologías de la información y no están cumpliendo con su misión de alfabetizar a la comunidad a la que sirve a cabalidad a través de las nuevas tecnologías de la información mediante su personal bibliotecario.

## Propósito

El estudio pretendió entender los problemas que deben resolverse para analizar los cambios producidos en torno al rol de las nuevas tecnologías de la información en las bibliotecas públicas, cómo enfrentan la globalización y digitalización de la información. Conoció qué nuevas demandas deben tener los bibliotecarios para responder, centrándose especialmente en qué cambios debe experimentar su formación para actuar con competencias en las nuevas tecnologías. Además, de conocer la situación de las bibliotecas públicas de Puerto Rico ante las nuevas tecnologías de la información, conoció la opinión del personal bibliotecario que labora en las mismas las características y actitudes, conocimientos en las nuevas tecnologías de la información necesarias para fungir como especialistas de la información en las bibliotecas. También se auscultó la opinión del director y/o encargado sobre la preparación y adiestramiento en nuevas tecnologías de la información del personal bibliotecario en relación a las actitudes señaladas que son fundamentales en el desempeño de su función como personal bibliotecario. Partiendo de lo anterior, la investigadora analizó otros puntos que, de igual manera están relacionados con el uso de las nuevas tecnologías y el Internet. La educación de la clientela a la que sirve la biblioteca, la incorporación de actividades relacionadas al uso de ellas en planeaciones de clases, charlas, seminarios, asesorías, la organización intraescolar, los espacios e infraestructura, la frecuencia en la utilización de los equipos, son algunos de otros aspectos que fueron investigado.

## Justificación

Otro aspecto planteado en este estudio fue conocer cuáles son verdaderamente los problemas del personal bibliotecario en su campo de acción, referente al equipamiento y uso de las nuevas tecnologías. Saber de sus carencias, de sus temores, preocupaciones, virtudes, gustos, capacidades y preferencias en el uso de las nuevas tecnologías. Por otra parte, es habitual la confusión entre información y conocimiento. El conocimiento implica información interiorizada y adecuadamente integrada en las estructuras cognitivas de un sujeto. Es algo personal e intransferible: no podemos transmitir conocimientos usando las nuevas tecnologías, sólo información, que puede (o no) ser convertida en conocimiento por el receptor (usuario), en función de diversos factores (los conocimientos previos de sujeto, la adecuación de la información, su estructuración, entre otros Felicié Soto (2006). Es por ello que, es necesario saber el enfoque que se le está dando al uso de las nuevas tecnologías y el Internet en el campo de acción (bibliotecas públicas) saber si los profesionales bibliotecarios tienen la visión de lo anterior dentro de la gran misión de los mismos. Sea cual sea el nivel de integración de las nuevas tecnologías y el Internet en las bibliotecas públicas, el personal necesita también una alfabetización digital y una actualización didáctica que le ayude a conocer, dominar e integrar los instrumentos tecnológicos y los nuevos elementos culturales en general en su práctica docente.

## Enunciados

| | |
|---|---|
| Primer enunciado | Realizar un pronóstico del rol de las bibliotecas públicas en la sociedad de la información. |
| Segundo enunciado | Analizar los principales conflictos presentes y futuros en torno a las bibliotecas públicas en cuanto al uso y manejo de las nuevas tecnologías de la información. |
| Tercer enunciado | Esgrimir posibles soluciones a los conflictos actuales y determinar estrategias para prevenir conflictos futuros en torno a la biblioteca pública en el uso de las nuevas tecnologías. |
| Cuarto enunciado | Definir las competencias que debe tener el personal bibliotecario de las bibliotecas públicas para cumplir con sus tareas en la enseñanza de las nuevas tecnologías de la información a los usuarios. |

DRA. DAMALIN JUDITH DÍAZ SUÁREZ

| Quinto enunciado | Puntualizar aspectos importantes que deben ser incorporados en la formación del personal bibliotecario que labora en las bibliotecas. |
|---|---|

## Marco teórico

Esta investigación se sustentó en el marco de la teoría cognoscitiva-constructivista y la teoría sociocultural (Jean Piaget y Lev Vygostky). Ambas se fundamentan en la visión de un aprendiz que se desarrolla de forma única y continua a través de experiencias en interacción con el ambiente y con las personas significativas que los rodean. En las últimas décadas, las nuevas tecnologías han impactado nuestra sociedad, logrando modificar nuestra manera de vivir, de comunicar, de producir y de comercializar Felicié Soto (2006). Los cambios desarrollados en las nuevas tecnologías de la información y las comunicaciones han transformado también los estilos de trabajo, la integración social, así como los campos de la ciencia, la economía la educación, y las bibliotecas, entre otros. Logrando así que la comunicación cobre mayor importancia y se convierta en factor determinante en los procesos de socialización, globalización y producción de conocimiento Felicié (2006). Esta autora denomina el concepto sociedad de la información como un modelo económico y social en el que la información desempeña un papel medular, ya que es una forma de adquisición, almacenamiento, procesamiento, evaluación, transmisión, distribución y diseminación de información, con vistas a la creación del conocimiento de acuerdo a una actividad económica que fomente la calidad de vida del ciudadano.

El estudio pretendió explorar si las bibliotecas públicas de Puerto Rico están cumpliendo con su misión de ofrecer servicios innovadores y acceso a las nuevas tecnologías de la información a la comunidad a la que sirven. Su estado de situación y si el personal bibliotecario carece de adiestramiento con relación al uso de las nuevas tecnologías de la información. Si éstos del conocimiento complejo de la terminología técnica del profesional de la información. TIC se refiere a un término genérico que cubre la adquisición, procesamiento, almacenaje y diseminación de la información de todo tipo y todas las áreas de aplicación: Ciencia, tecnología, bibliotecología, entre otros. Por lo tanto se entiende que este tipo de tecnología impacta el ámbito social, económico, político y educativo de la sociedad, incluyendo las bibliotecas.

## Definiciones de términos y conceptos

Se indican las definiciones operacionales. Son aquéllas que el investigador ha creado para definir las variables dependientes que se utilizaron en el estudio y términos que aunque pueden ser de uso general, en este estudio tenían una definición específica.

| | |
|---|---|
| Biblioteca pública: | es el centro local de información, brindando toda clase de conocimientos e información disponible a sus usuarios. |
| Biblioteca Virtual: | interés de emular en el entorno cibernético a la biblioteca tradicional. Haciendo uso de tecnología avanzada, es capaz de enlazar información y conocimiento localizados en diversos lugares y ofrecerlos de forma integral y dinámica como un todo. |
| Biblioteca Digital: | colección electrónica de documentos y contenidos digitalizados en diferentes formatos. |
| Brecha Digital: | separación que existe entre las personas, comunidades o países que utilizan las tecnologías de información y comunicación como una parte rutinaria de su vida diaria, y aquellos que no tienen |

|  |  |
|---|---|
|  | acceso a las mismas, o teniéndolas, no saben cómo utilizarlas de manera óptima para su beneficio. |
| Público: | grado de accesibilidad. |
| Usuarios: | persona que se le presta servicio en la Biblioteca. |
| Infopobres: | personas que no dominan las nuevas tecnologías. |
| Bibliotecario: | personal de apoyo en las bibliotecas. |
| Nuevas Tecnologías: | se refiere a todo equipo electrónico como computadoras, Internet, videocasetera, programas educativos, entre otros. |
| Tecnologías de la Información y Comunicaciones (TICs): | término genérico que cubre la adquisición, procesamiento, almacenaje y diseminación de la información de todo tipo y todas las áreas de la aplicación: ciencia tecnología, bibliotecología entre otros. |
| Sociedad de la Información: | Es un nuevo modelo económico y social en el que la información desempeña un papel medular. Se busca la adquisición y diseminación de la información para la creación del conocimiento y la satisfacción de necesidades de las personas. |
| Integración de las Tecnologías: | es la combinación de todas las tecnologías o parte de ellas como Programas o equipos en un área relacionada para mejorar el aprendizaje. |

| Empleomanía: | Conjunto de empleados que componen la nómina o plantilla de una entidad. |
|---|---|
| Inciden: | Causar un efecto una cosa en otra, repercutir. |
| Internet: | Redes mundiales que conectan redes más pequeñas utilizando unos protocolos para enviar y recibir información Roblyer y Edwards (2000). |

## Objetivos generales

- Realizar un pronóstico del rol de las bibliotecas públicas en la sociedad de la información.
- Analizar los principales conflictos presentes y futuros en torno a las bibliotecas públicas en cuanto al uso y manejo de las nuevas tecnologías de la información.
- Esgrimir posibles soluciones a los conflictos actuales y determinar estrategias para prevenir conflictos futuros en torno a la biblioteca pública en el uso de las nuevas tecnologías.
- Definir las competencias que debe tener el personal bibliotecario de las bibliotecas públicas para cumplir con sus tareas en la enseñanza de las nuevas tecnologías de la información a los usuarios.
- Puntualizar aspectos importantes que deben ser incorporados en la formación del personal bibliotecario que labora en las bibliotecas.
- Actualización de la información de las bibliotecas públicas de Puerto Rico mediante la creación de un directorio.

## Preguntas de la investigación

1. ¿Están todas las bibliotecas públicas de Puerto Rico identificadas?

2.  ¿Qué servicios relacionados con las nuevas tecnologías de la información ofrecen las bibliotecas públicas de Puerto Rico a la comunidad a la que sirve?

3.  ¿Qué obstáculos enfrentan las bibliotecas públicas de Puerto Rico en la incorporación de las nuevas tecnologías de la información para proveer acceso equitativo a la información?

4.  ¿Funciona la biblioteca pública de Puerto Rico como un centro local de tecnologías de la información? ¿Ofrece actividades de instrucción sobre el uso de las nuevas tecnologías de la información?

5.  ¿Cuál es la capacitación que tiene el personal bibliotecario de las bibliotecas públicas de Puerto Rico en el uso de las nuevas tecnologías de la información?

## Metodología

En esta investigación se utilizó una metodología cuantitativa y cualitativa con un modelo descriptivo y un enfoque multimetodológico. Este modelo de tendencias probabilísticas se caracteriza por proveer descripciones cualitativas y cuantitativas por lo que lo consideramos el más apropiado. De esta forma, para el diseño de la presente investigación se utilizó un diseño mixto en la medida que se consideró como más adecuado para conocer la realidad de las bibliotecas públicas de Puerto Rico, así como también para entender las percepciones existentes sobre las nuevas tecnologías de la información de las mismas. Según Hernández Sampieri (2006) su aplicación ofrece la ventaja de acercarse más a la realidad ya que permite especificar las propiedades importantes de personas, grupos, comunidades o cualquier otro fenómeno que sea sometido a análisis".

El modelo de esta investigación se preocupa, indudablemente, de describir las relaciones existentes, los puntos de vistas, las actitudes actuales y las percepciones referentes a fenómenos del diario vivir, a través de la descripción de lo que se observa en la realidad social. El modelo descriptivo mide de manera independiente los conceptos o variables a estudiar, centrándose en hacerlo con la mayor precisión posible. De esta manera, se puede ofrecer la posibilidad de predicciones aún cuando las mismas sean rudimentarias. Su propósito fue describir variables y analizar su incidencia e interrelación en un momento dado Lincoln y Guba (2000). El tipo de diseño exploratorio se aplica a problemas de investigación nuevos o poco conocidos. Las encuestas de opinión son consideradas por diversos autores Creswell (2000) y Mertens (2001) como apropiadas para el tipo de diseño exploratorio y tal vez sean el instrumento más utilizado para recolectar datos. Obedece a diferentes necesidades y a un problema de investigación utilizando una serie de preguntas. En las encuestas se ubica una escala, que es una sucesión ordenada de valores distintos de una misma cualidad Creswell (2005). La opinión del personal bibliotecario, director y/o encargados que laboran en las bibliotecas públicas se hizo mediante una encuesta elaborada para esos efectos (Apéndice CH).

Según define Altamira Martín) su cometido es obtener la información deseada por medio de un conjunto de preguntas escritas que la persona a quién se dirige contesta también por escrito. El instrumento de medición de variables estará representado por un cuestionario Abarca (1981).

El cual por definición es:

"Un instrumento de recopilación de datos rigurosamente estandarizado, que traduce y operacionaliza determinados problemas que son objeto de estudio. Esta operacionalización se realiza mediante la formulación escrita de una serie de preguntas que, respondidas por los sujetos de la encuesta, permiten estudiar el hecho propuesto en la investigación o verificar hipótesis formuladas". Ander-Egg (1980).

## Diseño del estudio

Para este estudio se seleccionó el método cuantitativo-cualitativo con enfoque descriptivo y el diseño de encuesta. A continuación se presenta la explicación correspondiente en la que se justifica el diseño y el enfoque adoptado. En el enfoque descriptivo se pretende, "indagar la incidencia y los valores en que se manifiestan una o más variables (dentro del enfoque cuantitativo) o ubicar, categorizar y proporcionar una visión de una comunidad, un evento, un contexto, un fenómeno o situación" (Hernández, Fernández y Baptista, 2006, p. 273). En este caso se indagó la incidencia y los valores de las variables dependientes relacionadas con el conocimiento y la frecuencia de uso que tienen el personal bibliotecario.

Asimismo, se pretendió describir por qué el personal bibliotecario de las bibliotecas públicas de Puerto Rico tiene poco dominio y adiestramiento en el uso de las nuevas tecnologías de la información. También se determinó si existe diferencia estadísticamente significativa entre las variables dependientes, según las variables independientes y dependientes. Por las razones antes descritas, la investigación adopta un enfoque descriptivo.

El método cuantitativo se caracteriza por que "usa recolección de datos para probar hipótesis con base en la medición numérica y el análisis estadístico para establecer patrones de comportamiento Hernández, Fernández y Baptista (2006 p. 6) Desde las perspectivas planteadas por Hernández, Fernández & Baptista (2006) el método que sede adoptó en esta investigación fue el cuantitativo. La encuesta es una de las técnicas para la recolección de datos más populares en la educación Isaac y Michaels (1995) la definen como la búsqueda ordenada de información en la que el investigador realiza preguntas a los sujetos sobre los datos que desea obtener, y subsiguientemente reúne estos datos de forma individual para obtener durante la evaluación final datos agregados. De la misma manera un diseño de encuesta provee una descripción numérica cuantitativa de tendencias, actitudes u opiniones de una población mediante el estudio de una muestra de la población Creswell (2000). Con la encuesta se trata de obtener, de manera sistemática y ordenada, datos sobre las variables que pueden intervenir en una investigación sobre una población o muestra determinada. Asimismo, esta información hace referencia a lo que las personas son, hacen, piensan, opinan, sienten, esperan, desean, aprueban y desaprueban, o los impulsos de sus actos, opiniones y actitudes Creswell (2000); Hernández, Fernández y Baptista (2007).

## Población y Muestra

La población bajo estudio consistió en el personal bibliotecario de las bibliotecas públicas existentes en los 78 Municipios de Puerto Rico. Actualmente las bibliotecas de Puerto Rico cuentan con la cantidad de 450 empleados, tanto empleados municipales como del Departamento de Educación. A este personal bibliotecario se les suministró el cuestionario titulado: Cuestionario al Personal Bibliotecario de las Bibliotecas Públicas de Puerto Rico de los cuales contestaron 122 empleados.

Además, se seleccionó una muestra intencionada de 5 bibliotecas públicas de las Áreas: norte, sur, este, oeste y centro de Puerto Rico. A esta población se les suministró el cuestionario titulado: Cuestionario y Preguntas Guías al Director y/o Encargado de las Bibliotecas Públicas de Puerto Rico que contenía preguntas abiertas y cerradas dirigido a los directores y/o encargados de las bibliotecas de las áreas antes mencionadas. El cuestionario fue contestado en un 100 %. Los sujetos que formaron parte de este estudio, fueron seleccionados tomando en consideración los siguientes criterios:

Personal: Laboran actualmente como personal bibliotecario en una biblioteca pública de Puerto Rico.

Director y/o encargado: Laboran en una biblioteca pública de Puerto Rico dentro de las áreas seleccionadas (norte, sur, este, oeste y centro). Sea parte del personal de Bibliotecas Públicas de Puerto Rico. Ocupe puestos de dirección o jefatura en una biblioteca. Posea reconocimiento y conocimiento de sus empleados en el uso y manejo de las nuevas tecnologías de la información. Demuestre participación en seminarios, talleres y conferencias sobre el tema de las nuevas tecnologías de la información. Posea experiencias como directores y/o encargados de bibliotecas públicas.

En la muestra intencionada se tuvo la oportunidad de seleccionar los casos que son ricos en información de los cuales se pudo aprender de los asuntos de importancia para la investigación. Para proteger a los participantes, se les informó que su participación es voluntaria, la naturaleza del estudio, el tipo de recolección de datos llevada a cabo y la cantidad de tiempo requerido para su participación. A los participantes se les entregó una hoja informativa detallando su participación en el estudio doctoral y podrán retirarse de la investigación cuando lo entiendan necesario. Esta hoja informativa fue preparada cumpliendo con las especificaciones de la Junta para la Protección de Seres Humanos en la Investigación (IRB). Véase Apéndice C. Los participantes se beneficiarán de este estudio ya que podrán ampliar su conocimiento y conocer información adicional sobre el tema de investigación.

## Instrumentos

Antes de comenzar los participantes a contestar el cuestionario, el participante hizo lectura de la hoja informativa. Tanto el participante como la investigadora tenían copia de la hoja informativa para su referencia. Luego de haber leído la hoja informativa el participante pudo tomar la decisión de participar o no en el estudio. La investigadora envió el cuestionario junto a la hoja informativa vía correo postal. Las preguntas guías se prepararon utilizando literatura consultada y la propia experiencia de la investigadora.

El instrumento utilizado en esta investigación era validado por la Dra. Debbie Quintana Torres en su disertación doctoral. (Apéndice D). La validación era esencial para establecer si las preguntas sirven como guía con el fin de examinar el grado de destrezas, conocimiento, actitud y experiencia de los participantes en la utilización de las nuevas tecnologías de la información. El instrumento era un cuestionario con preguntas abiertas y cerradas para esta investigación: (a) para el personal bibliotecario considerará variables tales como: Datos, Aspectos Demográficos, Área de Especialidad, Área de Perfil y Área de Ejecución. Las preguntas guías respondieron directamente a las preguntas de la investigación formuladas para cumplir con los objetivos de la investigación. Además, estas preguntas guías se redactaron tomando como criterios fundamentales la experiencia y conocimientos de estos funcionarios respecto de las bibliotecas públicas de Puerto Rico e información relacionada con la biblioteca. El cuestionario sirvió de base para contestar las preguntas de la investigación formuladas.

El cuestionario contiene 36 ítems divididos en cuatro partes: Aspectos Demográficos, Áreas de Dominio y/o Especialidad, Área de Perfil y Área de Uso de las Nuevas Tecnologías de la Información en la Biblioteca. Al lado de cada reactivo aparecían tres columnas: Aceptable, No Aceptable y Comentarios. Los aspectos demográficos Área A incluyen las variables: género, edad, escolaridad, años de experiencia de labor bibliotecaria y trabajo actual. El Área B incluye los reactivos sobre áreas de dominio y/o especialidad. Esta área está dividida en dos bloques, primer bloque donde el participante indicó el grado en que fue preparado para el uso de las nuevas tecnologías de la información, y un segundo bloque donde indica el grado que considera domina dichos aspectos. El instrumento consta de un total de 11 reactivos para el Área B. El Área C comprende actitudes y aptitudes de los participantes sobre cómo su preparación como personal bibliotecario le ha permitido funcionar con diferentes aspectos de su trabajo. Esta sección incluye 12 reactivos utilizando una escala Likert de cinco gradaciones, fluctuando desde completamente en desacuerdo con valor de 1 hasta completamente de acuerdo con valor de 5. El área D e incluye el criterio de uso de las Nuevas Tecnologías de la Información en la biblioteca. En esta parte incluye 14 reactivos al lado de cada reactivo aparecían tres columnas, a saber: Aceptable, No Aceptable y Comentarios.

Las áreas B y C cuentan con una escala de gráfica de diferentes gradaciones que fluctúan, donde los participantes del estudio piloto señalaron su posición haciendo una marca de cotejo en aquella gradación que mejor indica su sentir. La puntuación de cada sujeto será la suma de todos los reactivos en cada parte, de manera que las mayores gradaciones serán interpretadas como la mayor importancia.

El cuestionario (b) de preguntas guías para los directores y/o encargados de las Bibliotecas Públicas (Ver apéndice A) responden a las mismas áreas temáticas del instrumento al personal bibliotecario: Aspectos Demográficos, Área de Especialidad, Área de Perfil y Área de Ejecución. Consistió en siete (7) preguntas. Cabe señalar, que la investigadora le realizo algunas modificaciones y contó con la autorización de su autora. Es preciso, señalar que en los cuestionarios se incluyeron varias preguntas que no están relacionadas directamente con las nuevas tecnologías de la información. Esto se hizo con dos propósitos fundamentales: primero, para atender la necesidad de crear un directorio de las bibliotecas públicas de Puerto Rico y segundo aprovechar la oportunidad de obtener información que pudiese utilizarse en estudios posteriores.

## Procedimiento Realizado para la Investigación

Se procedió a preparar la versión del instrumento (ver apéndice B) que se le presentó al personal bibliotecario de las bibliotecas públicas de los 78 municipios de Puerto Rico, que son la población de este estudio y a las 5 bibliotecas públicas de la muestra intencionada de las Áreas: norte, sur, este, oeste y centro. Se les informó que la participación es voluntaria y que los datos que se obtengan se utilizarán sólo para propósitos de la investigación, y que de ninguna manera les afectaría su desempeño de su trabajo actual. También se les garantizó a los participantes confidencialidad y anonimato, y que no serán sometidos a procedimientos que afecten su integridad y seguridad física y emocional. Para proteger a los participantes se les indicó que su participación es voluntaria. Se les informó sobre la naturaleza de la investigación, el tipo de recolección de datos que se llevará a cabo y la cantidad de tiempo requerido para su participación. Los participantes recibieron una hoja informativa para la participación del estudio doctoral y podrán retirarse de la investigación cuando lo entiendan necesario.

Esta hoja informativa fue preparada siguiendo las especificaciones de IRB. Los participantes se beneficiarán de este estudio ya que podrán ampliar sus conocimientos sobre el tema de investigación y conocer literatura adicional. Se espera que al contestar el instrumento para esta investigación no conlleve ningún riesgo físico, la fatiga y el cansancio al contestar el cuestionario, son poco probable, pero no imposible. Para preservar la confidencialidad y anonimato de los datos, los sujetos serán identificados por un código. La identificación de los instrumentos no guarda relación con los participantes a nivel individual y sólo será de conocimiento de la investigadora.

Se confirmó que no existieran dudas sobre todo el proceso, y finalmente, se les informó a los participantes que los instrumentos deberán ser contestados en su totalidad. Se les agradeció la participación de los sujetos en esta etapa de la investigación. Una vez administrados los instrumentos, se procedió a tabular la información para entrarla a una hoja de cálculos diseñada en el programa Microsoft Office, Excel con el fin de facilitar su organización, descripción y análisis estadísticos.

## Análisis estadístico de la investigación

La tabulación del instrumento de la población se sometió a los análisis estadísticos correspondientes para determinar el perfil de los sujetos participantes del estudio en cada uno de las cuatro áreas de investigación: Aspectos Demográficos, Área de Especialidad, Área de Perfil y Área de

Ejecución. Se determinó la media y las desviaciones típicas del grupo en cada una de las cuatro Áreas y se proyectó en una tabla de distribución de frecuencia y porcentual. Se identificaron aquellos reactivos que fueron señalados como muy importantes por los sujetos.

Los resultados de la parte B del instrumento se analizaron utilizando una prueba T con el fin de determinar si existe diferencia entre el grado de satisfacción en que el personal bibliotecario de las bibliotecas públicas de Puerto Rico recibieron su preparación y adiestramiento en las áreas específicas de las nuevas tecnologías de la información y el dominio que perciben tener de dichas áreas. Estos coeficientes se calcularon para cada una de las partes consideradas en el instrumento, a saber: Parte I: Grado de Adiestramiento en las Nuevas Tecnologías de la Información; Parte II: Grado de Dominio en cada área presentada y Parte III: Grado en que la Preparación y Adiestramiento ha permitido funcionar de forma excelente.

Las preguntas guías del cuestionario a los directores y/o encargados de las bibliotecas públicas de Puerto Rico responden a las mismas áreas temáticas del instrumento al personal bibliotecario: Aspectos Demográficos: Área de Especialidad, Área de Perfil y Área de Ejecución. Se estableció un área de especialidad con tres preguntas:

1. ¿Cuales entiende usted que son las fortalezas y las áreas que se deben mejorar en las bibliotecas públicas respecto a la incorporación de las nuevas tecnologías de la información?
2. ¿Qué limitaciones enfrentan las bibliotecas públicas de Puerto Rico en la incorporación de las nuevas tecnologías de la información?
3. ¿Considera que las bibliotecas públicas de Puerto Rico cuentan con la infraestructura, el equipo y programas adecuados para satisfacer las necesidades de información?
   - En el área de perfil incluye una sola pregunta: Mencione las características profesional que posee su personal

bibliotecario. El área de ejecución fue cubierta con tres preguntas:

- Mencione sobre la actitud del personal bibliotecario que labora en la biblioteca en cuando al uso y manejo de las nuevas tecnologías de la información.
- Ofrece el programa que usted dirige actividades de mejoramiento profesional y educación continua al personal de la biblioteca.
- ¿Considera usted que este estudio puede contribuir al desarrollo de las bibliotecas públicas de Puerto Rico? ¿De qué forma?

Las respuestas de los participantes de la muestra intencionada se transcribieron ad verbatium.

Los hallazgos del estudio, sus análisis y contestación de las preguntas de la investigación se utilizaron como base para contribuir al desarrollo de las bibliotecas públicas de Puerto Rico ante las nuevas tecnologías de la información.

## Hallazgos

## Preguntas y contestaciones a las preguntas guías de investigación:

Primera pregunta de la investigación: ¿Están todas las bibliotecas públicas de Puerto Rico identificadas?

$C_1$. Para determinar cuántas bibliotecas públicas de Puerto Rico estaban identificadas la investigadora consultó al Departamento de Educación, Biblioteca Nacional de Puerto Rico y el Departamento de Estado, encontrando que sólo el Departamento de Educación contaba con directorio de bibliotecas inconcluso y no actualizado. Lo que la investigadora a realizó llamadas telefónicas a los 78 municipios de Puerto Rico para identificar las bibliotecas como públicas, municipales y comunitarias, además informarse si las mismas estaban cerradas o en funcionamiento, lo que llevó a la investigadora a la creación del directorio de las bibliotecas, públicas, municipales y comunitarias de los 78 municipios de Puerto Rico.

Segunda pregunta de la investigación: ¿Qué servicios relacionados con las nuevas tecnologías de la información ofrecen las bibliotecas públicas de Puerto Rico a la comunidad a la que sirve?

$C_2$. Para determinar qué servicios relacionados con las tecnologías ofrecen las bibliotecas públicas de Puerto Rico se utilizaron las contestaciones de los cuestionarios contestados por el personal bibliotecario y el director y/o encargado de las bibliotecas relacionado con las nuevas tecnologías de la información, además de la entrevista telefónica, encontrando que el 68.7 % no utilizan información a través de las nuevas tecnologías de la información y el 31.3 % ofrecen servicios de información a través de las nuevas tecnologías de la información. Lo más que ofrecen las bibliotecas públicas de Puerto Rico en sus servicios tecnológicos es la impresión de documentos, uso de las computadoras, Internet, acceso a base de datos en CD-ROM y correo electrónico. Otros servicios informados por algunos de los encuestados son la catalogación automatizada y teleconferencias, pero los mismos no son usados con frecuencia por la falta de dominio y adiestramiento para el manejo de los mismos.

Tercera pregunta de la investigación: ¿Qué obstáculos enfrentan las bibliotecas públicas de Puerto Rico en la incorporación de las nuevas tecnologías de la información para proveer acceso equitativo a la información?

$C_3$. Para determinar los obstáculos que enfrentan las bibliotecas públicas de Puerto Rico se utilizaron las contestaciones con las preguntas abiertas dirigidas al director y/o encargado a través del cuestionario, además de las llamadas telefónicas, revisión de literatura, encontrando que los principales obstáculos que enfrentan las bibliotecas públicas de Puerto Rico en la incorporación y utilización de las nuevas tecnologías de la información para proveer acceso equitativo a la información son: falta de personal bibliotecario con capacitación, dominio y destrezas adecuadas en las nuevas tecnologías de la información y bibliotecología, falta de atención con las demandas y necesidades de la biblioteca, falta de infraestructura tecnológica, infraestructura física, trabajar en estructuras jerárquicas que no permiten el desarrollo del personal bibliotecario, malos hábitos relacionales, poderes contrarios al cambio, poca cooperación entre los municipios, necesidad de cambiar la mentalidad del personal bibliotecario en la forma de acceder a la información utilizando las nuevas tecnologías, recursos financieros difíciles de obtener y no proporcionales a las necesidades de las bibliotecas públicas, especialmente para los cambios tecnológicos, falta de instalación y equipos tecnológicos adecuados, falta de mantenimiento tecnológico, electricidad, falta de respaldo de las autoridades pertinentes, falta de capacitación a todo el personal ante las nuevas tecnologías de la información, carencia de designación de personal bibliotecario con dominio y destrezas tecnológicas para laborar en las bibliotecas, el personal bibliotecario asignado a las bibliotecas públicas no cumple con los requisitos necesarios para laborar en ellas, lo que dificulta la labor del poco personal adiestrado.

Cabe señalar, que los directores y/o encargados de las bibliotecas públicas de Puerto Rico reconocen que estas bibliotecas enfrentan serios obstáculos que les impiden cumplir con su ineludible misión de proveer acceso de información adecuado a la comunidad a la que sirven, por falta de recursos económicos, apoyo y designación de personal adecuado, además se encuentran de manos cruzadas ante los municipios y el gobierno estatal que son la jerarquía mayor en las bibliotecas públicas de Puerto Rico, y son éstos quienes toman las decisiones en las bibliotecas, sin contar con la opinión y/o recomendación del director y/o encargado, decisiones que son

DRA. DAMALIN JUDITH DÍAZ SUÁREZ

tomadas sin importar las verdaderas necesidades que enfrentan actualmente todas las bibliotecas públicas de nuestro país.

Cuarta pregunta de la investigación: ¿Funciona la biblioteca pública de Puerto Rico como un centro local de tecnologías de la información? ¿Ofrece actividades de instrucción sobre el uso de las nuevas tecnologías de la información?

$C_4$. Para determinar el funcionamiento de las bibliotecas públicas ante las nuevas tecnologías de información se utilizaron como base las contestaciones del director y/o encargado de la bibliotecas pública en las preguntas abiertas del cuestionario enviado y objeto de este estudio reconociendo éstos que las bibliotecas públicas de Puerto Rico no funcionan como centro local de tecnologías de información por falta de equipos, infraestructura tecnológica y física, personal adiestrado y recursos tecnológicos. Las bibliotecas públicas actualmente están rezagadas en lo que concierne a la provisión de recursos y servicios a través de la Web, bases de datos, proveer información en sistemas en línea, manejo de redes locales (LAN), manejo de sistemas de teleconferencias, manejo y uso adecuado de la Web y el Internet.

De los resultados del estudio se infiere que, al no tener presencia en la Web y no brindar a través de este medio sus recursos de información, particularmente los gubernamentales, las bibliotecas públicas no maximizan las oportunidades que provee las nuevas tecnologías de información de llegar a la mayor cantidad de personas, proveyendo así acceso equitativo a la información. De esto se deduce que las bibliotecas públicas de Puerto Rico no cumplen con sus principales responsabilidades en el marco de la sociedad de la información. Según los resultados solo una muy mínima cantidad de las bibliotecas públicas ofrecen algunas actividades relacionadas al uso efectivo de las nuevas tecnologías de la información, esto se debe a la falta de recursos económicos, faltas de equipos adecuados y; de ofrecerse alguna actividad relacionada al uso efectivo de las nuevas tecnologías, la mayoría de las veces son por iniciativa propia del director y/o encargado con los pocos recursos que cuentan o con algún patrocinio, y no con las ayudas municipales ni estatales.

Quinta pregunta de la investigación: ¿Cuál es la capacitación que tiene el personal bibliotecario de las bibliotecas públicas de Puerto Rico en el uso de las nuevas tecnologías de la información?

$C_5$. Para determinar la capacitación del personal bibliotecario de las bibliotecas públicas se utilizaron los resultados obtenidos de los cuestionarios dirigidos al director y/o encargado y al personal bibliotecario de las bibliotecas y a través de la entrevista telefónica. De acuerdo a los resultados de la prueba t, demostrando que: un 60 % de las personas encargadas y personal bibliotecario de las bibliotecas públicas de Puerto Rico, no cuentan con preparación académica en el campo de la bibliotecología ni con las nuevas tecnologías. El personal bibliotecario que labora en las bibliotecas públicas por más de 10 años tiene un poco de resistencia o disposición en la utilización de las nuevas tecnologías, entendiendo éstos que implica una carga más o le aligera su quehacer diario y se sienten más cómodos trabajando sin ellas. Esto precisamente es consecuencia de la falta de adiestramientos, conocimiento, destrezas y dominio ante las nuevas tecnologías. El mayor número de las personas encargadas de las bibliotecas públicas posee el grado de bachillerato o maestría en alguna licenciatura, pero no en bibliotecología ni en tecnología de la información. Otro dato curioso encontrado en los hallazgos es que un 10% del personal que labora en las bibliotecas públicas por iniciativa propia han sufragados ellos mismos algún curso relacionado a las tecnologías y/o bibliotecología en alguna institución que ofrece Programas de Bibliotecología y Sistemas de Información para mantenerse un poco a la vanguardia con la tecnología.

La mayor parte de los directores y/o encargados de bibliotecas públicas tienen puestos de confianza por espacio de cuatro años o más hasta que no ocurra un cambio de gobierno en ese municipio, lo que implica otro cambio de director y/o encargado, lo que ocasiona que las bibliotecas no funcionen efectivamente por los cambios de administración, además de no contar con los recursos necesarios para la incorporación de las nuevas tecnologías de información. Lo que significa que con los cambios de gobierno la mayoría de las bibliotecas públicas de Puerto Rico están dirigidas por personal que no poseen educación formal en el campo de la bibliotecología ni en las tecnologías, lo que implica que las bibliotecas públicas sigan manteniéndose rezagadas ante estos nuevos cambios.

La mayoría del personal que labora en las bibliotecas es reclutado y nombrado a través del Departamento de Personal y/o Departamento de Recursos Humanos de los municipios, departamento que no toma en consideración si el personal nombrado cumple con los requisitos para ofrecer un servicio de información con destrezas y dominio de las nuevas tecnologías y de bibliotecología. La mayoría de este personal reclutado un 54 %, sólo poseen un diploma de cuarto año o un grado asociado y no cuentan con preparación en el campo tecnológico ni de bibliotecología, y mucho menos con disposición y aptitud para ofrecer éstos servicios. Sólo una cantidad mínima un 9.8 del por ciento de bibliotecas públicas de Puerto Rico cuentan con personal adiestrado y capacitado en tanto en tecnologías como en cursos de bibliotecología, la mayoría de éstos a su vez responden al Departamento de Educación y no al municipio. Como resultado de lo anterior, el mayor número de personal bibliotecario que labora en las bibliotecas públicas que son empleados por el municipio y responden a éste no tiene la capacitación, destrezas ni dominio en las nuevas tecnologías de la información ni en bibliotecología. Las bibliotecas públicas de Puerto Rico carecen de recursos de personal especializado

## Conclusiones de los resultados de la prueba T

Los resultados obtenidos de la prueba t en las siguientes áreas: Proveer servicios de información en sistemas en línea, realizar tareas administrativas en ambiente automatizado, manejar el catálogo en línea, manejar el correo electrónico, manejar bases de datos en CD-ROM, uso de computadoras, uso de procesadores de palabras, manejar la Internet y manejar la Web, demuestran que existe una diferencia significativa en términos del adiestramiento recibido vs. el dominio que tiene el personal bibliotecario en las áreas antes mencionadas. Se observa que el adiestramiento recibido es menor que el dominio percibido por los participantes.

En las siguientes dos áreas: manejar Redes locales (LAN) y manejar Sistemas de Teleconferencia los resultados de la prueba T señalan que no existe diferencia significativa entre el adiestramiento recibido vs. dominio percibido por el personal Bibliotecario.

## Uso de las Nuevas Tecnologías de la Información en la Biblioteca Pública

Se presenta los resultados con los criterios utilizados en cuanto al uso de las Nuevas Tecnologías de la Información en la biblioteca. Esta parte incluye al lado el número de los 14 reactivos en tres columnas, además de la explicación de: Aceptable (que la biblioteca utiliza esos servicios), No Aceptable (que la biblioteca no utiliza esos servicios) para una mejor interpretación de los resultados.

Se demostró en la distribución de criterios en el uso de las nuevas tecnologías de la información en las bibliotecas que el por ciento mayor es de 31.3 % aceptable en cuanto a que ofrecen información especial (de interés) para su biblioteca o localidad a través de las nuevas tecnologías y el por ciento menor en aceptable fue 8 % en la creación de índices y/o directorios de internet por temas específicos. En cuanto a no aceptable el por ciento mayor fue 92 % en la creación de índices y/o directorios de Internet por temas específicos, siendo el menor 68.7 % que ofrecen información especial (de interés) por su biblioteca o localidad a través de las nuevas tecnologías.

## Preguntas y contestaciones a las preguntas dirigidas a los directores y/o encargados de las bibliotecas:

• **¿Están todas las bibliotecas públicas de Puerto Rico identificadas?**

La investigadora consultó al Departamento de Educación, Biblioteca Nacional de Puerto Rico y el Departamento de Estado, encontrando que sólo el Departamento de Educación contaba con un directorio de bibliotecas inconcluso y no actualizado. La investigadora realizó una encuesta telefónica a los 78 municipios de Puerto Rico el propósito fue identificar todas las bibliotecas de Puerto Rico como públicas, municipales y comunitarias. Según los hallazgos obtenidos Puerto Rico actualmente tiene 45 bibliotecas municipales para un 57.7 % con una frecuencia de 45, 24 bibliotecas públicas con un 30.8 % y una frecuencia de 24, 3 bibliotecas comunitarias para un 3.8 % y una frecuencia de 3, 1 Rincón de Lectura con un 1.3 % con una frecuencia de 1, y 5 bibliotecas cerradas con un 6.4% con una frecuencia de 5 para un total de un 100%. Los resultados obtenidos llevaron a la investigadora a la creación del Directorio de las bibliotecas, públicas, municipales y comunitarias de los 78 municipios de Puerto Rico.

Tabla 2. Identificación de las bibliotecas existentes en Puerto Rico: Publicas, Municipales, Comunitarias y Rincón de Lectura

| Identificación de la biblioteca | Pueblo de ubicación de la biblioteca |
|---|---|
| Bibliotecas Municipales<br><br>Estas bibliotecas son administradas con fondos municipales, fondos federales y estatales asignados a bibliotecas públicas. Los fondos federales son bajo la Ley LSCA (Library Service and Construction) y la Ley 86. | Adjuntas, Aguas Buenas, Aibonito, Arecibo, Barceloneta, Barranquitas, Bayamón, Caguas, Canóvanas, Carolina, Cataño, Cayey, Cidra, Coamo, Fajardo, Florida, Guaynabo, Hatillo, Hormigueros, Quebradillas, Rincón, Juana Díaz, Juncos, Lares, Las Marías, Las Piedras, Loíza, Luquillo, Manatí, Maunabo, Mayagüez, Morovis, Naranjito, Patillas, Peñuelas, Ponce, Salinas, San Lorenzo, Santa Isabel, San Juan, Toa Alta, Trujillo Alto, Vega Baja, Vieques, Yabucoa. |
| Bibliot Bibliotecas Públicas<br><br>Estas bibliotecas son administradas con fondos municipales, fondos federales y estatales asignados a bibliotecas públicas. Los fondos federales son bajo la Ley LSCA (Library Service and Construction) y la Ley 86. La biblioteca tiene un convenio con el Municipio y el Departamento de Educación. | Aguada, Añasco, Cabo Rojo, Camuy, Ceiba, Ciales, Comerío, Corozal, Guayama, Guayanilla, Gurabo, Guánica, Humacao, Jayuya, Lajas, Maricao, Moca, Sábana Grande, San Germán, San Sebastián, Toa Baja, Utuado, Villalba, Yauco. |

Bibliotecas cerradas actualmente

| | |
|---|---|
| Estas bibliotecas están cerradas, por lo tanto no son administradas ni por el Municipio ni el Departamento de Educación hasta el momento de la investigación | Arroyo (BP), Río Grande (BM), Naguabo (BP), Orocovis (BM) y Vega Baja (BM). |
| Bibliotecas que están identificadas actualmente como: comunitarias y rincón de lectura. | Dorado (BC), Isabela (RL) y Culebra (BC) |

- **¿Qué servicios relacionados con las nuevas tecnologías de la información ofrecen las bibliotecas públicas de Puerto Rico a la comunidad a la que sirve?**

Los resultados con los criterios utilizados en cuanto al uso de las Nuevas Tecnologías de la Información en las bibliotecas con un total de 14 reactivos divididos en tres columnas de: Aceptable (que la biblioteca utiliza los servicios) y No Aceptables (que la biblioteca no utiliza los servicios) fueron los siguientes: el porciento de 68.7 % indico No Aceptable en la información especial (de interés) para su biblioteca a través de las NTI. Además, para determinar qué servicios relacionados con las tecnologías ofrecen las bibliotecas públicas de Puerto Rico se utilizó la encuesta telefónica se encontró que lo más que ofrecen las bibliotecas públicas de Puerto Rico en sus servicios tecnológicos es la impresión de documentos, uso de las computadoras, Internet, acceso a base de datos en CD-ROM y correo electrónico. Otros servicios informados por algunos de los encuestados son la catalogación automatizada y teleconferencias, pero los mismos no son usados con frecuencia por la falta de dominio y adiestramiento para el manejo de los mismos.

- **¿Qué obstáculos enfrentan las bibliotecas públicas de Puerto Rico en la incorporación de las nuevas tecnologías de la información para proveer acceso equitativo a la información?**

A continuación se presentan las respuestas "ad verbatium" de los patronos en cuanto a los obstáculos que enfrentan las bibliotecas públicas de Puerto Rico en la incorrupción de las NTI. Norte: Las limitaciones que enfrentan las bibliotecas públicas en la incorporación de las nuevas tecnologías son las siguientes:

- Cambio de administración de gobierno
- Falta de personal joven con dominio de las nuevas tecnologías
- Planta física
- Insuficiencia de fondos
- Mantenimiento de equipos y servicios
- Visión del gobierno local y del director de la biblioteca
- Dominio de uso y manejo de los equipos y programas
- Actitud y aptitud hacia la integración de las nuevas tecnologías.

Sur: Falta de recursos económicos para el mantenimiento tecnológico, más equipos tecnológicos, bases de datos, infraestructura física y tecnológica.

Este: Adquisición de equipos tecnológicos, mantenimientos de equipos, infraestructura tecnológica y física.

Oeste: Adiestramientos intensivos y continuos a los empleados para manejar las nuevas tecnologías, tanto al personal municipal como al del Departamento de Educación.

- No existen estructuras tecnológicas, y si las hay están obsoletas o son inadecuadas.

- Falta de interés por los gobiernos (Estatal o Municipal) para equipar las bibliotecas y cubrir las necesidades existentes.

Centro: Personal no capacitado y equipos obsoletos.

Cabe señalar, que los directores y/o encargados de las bibliotecas públicas de Puerto Rico reconocen que estas bibliotecas enfrentan serios obstáculos que les impiden cumplir con su ineludible misión de proveer acceso de información adecuado a la comunidad a la que sirven.

- **¿Funciona la biblioteca pública de Puerto Rico como un centro local de tecnologías de la información? ¿Ofrece actividades de instrucción sobre el uso de las nuevas tecnologías de la información?**

Para determinar el funcionamiento de las bibliotecas públicas ante las nuevas tecnologías de información se utilizaron como base las contestaciones del director y/o encargado de la bibliotecas pública en las preguntas abiertas del cuestionario enviado y objeto de este estudio reconociendo éstos que las bibliotecas públicas de Puerto Rico no funcionan como centro local de tecnologías de información por falta de equipos, infraestructura tecnológica y física, personal adiestrado y recursos tecnológicos. Los resultados que se obtuvieron en este estudio en los criterios de las NTI son: Ofrecen información a través de las NTI 33.3 %, creación de índices y/o directorios de Internet 8 %, servicios a través de reserva en línea 10.5 %, servicios de información que utilice tecnología 13.3 %, utilización de la WEB 21.7 %, servicio de Internet conectado a la plaza pública 15.8 %, servicios de libros electrónicos 11.3 %, presta servicios a través de las NTI 28.1%, adiestramiento a través de las NTI 27.0 %, todos éstos resultados menos del 50 %. (Véase Tabla 46).

De los resultados antes mencionado se infiere que, al no tener presencia en la Web y no brindar a través de este medio sus recursos de información, particularmente los gubernamentales, las bibliotecas públicas no maximizan las oportunidades que provee las nuevas tecnologías de información de llegar a la mayor cantidad de personas, proveyendo así acceso equitativo a la información. De esto se deduce que las bibliotecas públicas de Puerto Rico no cumplen con sus principales responsabilidades en el marco de la sociedad de la información. Según los resultados solo una muy mínima cantidad de las bibliotecas públicas ofrecen algunas actividades relacionadas al uso efectivo de las nuevas tecnologías de la información, esto se debe a la falta de recursos económicos, faltas de equipos adecuados y; de ofrecerse alguna actividad relacionada al uso efectivo de las nuevas tecnologías, la mayoría de las veces son por iniciativa propia del director y/o encargado con los pocos recursos que cuentan o con algún patrocinio, y no con las ayudas municipales ni estatales.

• **¿Cuál es la capacitación que tiene el personal bibliotecario de las bibliotecas públicas de Puerto Rico en el uso de las nuevas tecnologías de la información?**

Para determinar la capacitación del personal bibliotecario de las bibliotecas públicas se utilizaron los resultados obtenidos de los cuestionarios dirigidos al director y/o encargado y al personal bibliotecario de las bibliotecas y a través de la entrevista telefónica. De acuerdo a los resultados de la prueba t, demostrando que: la inmensa mayoría de las personas encargadas y personal bibliotecario de las bibliotecas públicas de Puerto Rico, no cuentan con preparación académica en el campo de la bibliotecología ni con las nuevas tecnologías. El personal bibliotecario que labora en las bibliotecas públicas por más de 10 años tiene un poco de resistencia o disposición en la utilización de las nuevas tecnologías, entendiendo éstos que implica una carga más o le aligera su quehacer diario y se sienten más cómodos trabajando sin ellas. Esto precisamente es consecuencia de la falta de adiestramientos, conocimiento, destrezas y dominio ante las nuevas tecnologías. El mayor número de las personas encargadas de las bibliotecas

DRA. DAMALIN JUDITH DÍAZ SUÁREZ

públicas posee el grado de bachillerato o maestría en alguna licenciatura, pero no en bibliotecología ni en tecnología de la información. Otro dato curioso encontrado en los hallazgos es que un 10 % del personal que labora en las bibliotecas públicas por iniciativa propia han sufragados ellos mismos algún curso relacionado a las tecnologías y/o bibliotecología en alguna institución que ofrece Programas de Bibliotecología y Sistemas de Información para mantenerse un poco a la vanguardia con la tecnología.

A continuación se presentan las respuestas "ad verbatium" de los patronos indicando que el personal bibliotecario no recibe adiestramientos continuos para a incorporación de las NTI en su labor como profesional de la información.

Mejoramiento Profesión y Educación:

Norte: No, hemos solicitado estas actividades y siempre la respuesta es que no hay recursos económicos

Sur: Ninguna, hemos solicitado programas de mejoramiento, destrezas y dominio,

pero siempre han sido negadas. Entiendo es una gran necesidad que tienen las bibliotecas.

Este: Ninguno, no tenemos los recursos necesarios para estas actividades.

Oeste: Mejoramiento profesional sí, pero educación continua no y menos en tecnología.

Centro: Sí.

Sólo un patrono indicó que su personal bibliotecario recibe capacitación y adiestramiento sobre las nuevas tecnologías, lo que significa que con los cambios de gobierno la mayoría de las bibliotecas públicas de Puerto Rico están dirigidas por personal que no poseen educación formal en el campo de la bibliotecología ni en las tecnologías, lo que implica que las bibliotecas públicas sigan manteniéndose rezagadas ante estos nuevos cambios.

La mayoría del personal que labora en las bibliotecas es reclutado y nombrado a través del Departamento de Personal y/o Departamento de Recursos Humanos de los municipios, departamento que no toma en consideración si el personal nombrado cumple con los requisitos para ofrecer un servicio de información con destrezas y dominio de las nuevas tecnologías y de bibliotecología. La mayoría de este personal reclutado, sólo poseen un diploma de cuarto año o un grado asociado y no cuentan con preparación en el campo tecnológico ni de bibliotecología. Sólo una cantidad mínima del porciento de bibliotecas públicas de Puerto Rico cuentan con personal adiestrado y capacitado tanto en tecnologías como en cursos de bibliotecología, la mayoría de éstos a su vez responden al Departamento de Educación y no al municipio. Como resultado de lo anterior, el mayor número de personal bibliotecario que labora en las bibliotecas públicas que son empleados por el municipio y responden a éste no tiene la capacitación, destrezas ni dominio en las nuevas tecnologías de la información ni en bibliotecología. Las bibliotecas públicas de Puerto Rico carecen de recursos de personal especializado.

La riqueza de la información recopilada ha hecho posible esta investigación y han permitido extraer conclusiones que nos permiten constatar en la realidad sobre la situación actual de las bibliotecas públicas de Puerto Rico bajo estudio ante las nuevas tecnologías de la información. En efecto, el estudio, las llamadas telefónicas, las entrevistas y sobre todo la encuesta llevados a cabo apuntaron hacia varias conclusiones, siendo las principales las que presentamos a continuación:

Se pudo establecer mediante este estudio que el mayor número del personal bibliotecario que labora en las bibliotecas públicas de Puerto Rico, no tienen el adiestramiento y dominio necesarios en el uso y manejo de las nuevas tecnologías de la información como técnica de enseñanza en su labor como profesional de la información en las bibliotecas.

El estudio demostró el cambio profundo que atraviesan las bibliotecas públicas de Puerto Rico con los cambios de gobierno, les dificulta la tarea de definir el rol que ellas tienen en la actualidad. Pero a pesar de esta situación, muchas de ellas tratan de mantener aún las funciones que les han sido tradicionales, como el apoyo a la docencia, la investigación y la extensión, encargándose de adquirir, organizar y difundir información a la comunidad a la que le sirven. Además, de transferir y generar nuevos conocimientos a partir de los recursos que actualmente tienen disponibles.

El estudio arrojó que uno de los problemas principales de las bibliotecas públicas es en torno a que el personal bibliotecario que labora en las bibliotecas es nombrado sin los requisitos necesarios de adiestramiento y dominio en tecnología, además, que el adiestramiento y dominio en tecnología son insuficientes en la mayoría del personal bibliotecario actualmente en las bibliotecas de Puerto Rico. En algunos caso han mantenido o disminuido el personal, en otros han aumentado el personal no capacitado ni adiestrado para ofrecer servicios bibliotecarios, especialmente en las nuevas tecnologías de la información, lo que dificulta la labor del director y/o encargado de las bibliotecas en ofrecer estos servicios a la comunidad y lo que irremediablemente los llevará a un menoscabo de la calidad de servicio que se ofrece y lo que consideramos más grave, terminará ocasionando un deterioro progresivo en la salud del poco personal motivado y capacitado por una sobrecarga de trabajo.

Además, el estudio arrojó que existe una dificultad para enfrentar los cambios tecnológicos y lograr administrarlos eficientemente, que son los que han provocado mayor impacto en las bibliotecas, que hacen necesario recurrir a nuevas estrategias en los diversos servicios de las bibliotecas. La obtención de los recursos financieros es un problema común en todas las bibliotecas públicas de Puerto Rico, generalmente no son proporcionales a las necesidades. Esta dificultad es mayor cuando la biblioteca aún no ha alcanzado una infraestructura tecnológica y física adecuada, por lo que se debe invertir más en ella. Los municipios, el gobierno estatal, Departamento de Educación y la administración superior de las bibliotecas públicas no decide hacer fuertes inversiones económicas, por lo que los directores y/o encargados de las mismas prefieren gestionar fondos externos, a través de propuestas federales para obtener tecnologías nuevas y tratar de ofrecer un servicio a la comunidad a la que sirve, cabe señalar que muchas de estas propuestas no son aceptadas por falta de personal adiestrado en el manejo de información y conocimiento para cumplimentar, realizar y radicar las mismas.

Por otra parte, el estudio demostró que existe una cierta incomunicación entre la administración superior y sus bibliotecas públicas y, en esto coinciden la mayoría de los directores y/o encargados. Los canales de comunicación no siempre son productivos y los que dirigen las bibliotecas no suelen participar en la administración superior, esto no genera ningún beneficio a la comunidad a la que sirve la biblioteca. Entienden éstos que es necesario que las administraciones superiores comprendan la importancia de las bibliotecas públicas y no las trate como cualquier otro órgano administrativo, ya que es un servicio educativo y sus funciones son fundamentales para el desarrollo de las labores de la comunidad a la que sirve.

# Cuestionarios sobre el estado actual de las bibliotecas públicas de Puerto Rico ante las nuevas tecnologías de la información y el impacto en el personal bibliotecario

## Cuestionario a Personal Bibliotecario de las Bibliotecas Públicas

A. Aspectos Demográficos

1. Género:        Femenino_____        Masculino_____
2. Edad:

| Menos de 25 años | 26 a 30 años | 31 a 36 años | 37 a 40 años | 41 a 50 años | Más de 51 años |
|---|---|---|---|---|---|
|  |  |  |  |  |  |

3. Escolaridad

| Elemental | Intermedia | Superior | Universidad | Técnico |
|---|---|---|---|---|
|  |  |  |  |  |

4. Años de Experiencia de labor bibliotecaria:

| 1 a 5 Años | 6 a 10 años | 11 a 15 años | 16 a 20 años | 21 a 25 años | Más de 26 años |
|---|---|---|---|---|---|
|  |  |  |  |  |  |

5. Trabajo actual como: _____Maestro Bibliotecario
                          _____Bibliotecario Auxiliar

_____Tecnología

_____Otro_____

B. Áreas de dominio y/o especialidad:

Indique en el Bloque I hasta qué grado usted fue adiestrado en el uso y manejo de las Nuevas Tecnologías de la Información (N.T.I). Esta escala corre del 1 al 5, donde el 1 representa poco adiestramiento y el 5 representa un alto grado de adiestramiento. En el Bloque II indique hasta qué grado usted siente que domina cada una de las áreas presentadas. La escala para este bloque del 1 al 5, donde el 1 representa poco dominio y el 5 representa mucho dominio del área.

| Bloque I Adiestramiento | | | | | | Bloque II Dominio | | | | |
|---|---|---|---|---|---|---|---|---|---|---|
| Poco 1 | 2 | 3 | 4 | Alto Grado 5 | ÁREA DE DOMINIO Y/O ESPECIALIDAD | Poco 1 | 2 | 3 | 4 | Mucho 5 |
| | | | | | Proveer servicios de información en sistemas en línea | | | | | |
| | | | | | Realizar tareas administrativas en ambiente automatizado | | | | | |
| | | | | | Manejar el catalogo en línea | | | | | |
| | | | | | Manejar el correo electrónico | | | | | |
| | | | | | Manejar bases de datos en CD-ROM | | | | | |
| | | | | | Uso de computadoras | | | | | |
| | | | | | Uso de procesadores de palabras | | | | | |
| | | | | | Manejar la Internet | | | | | |
| | | | | | Manejar Redes locales (LAN) | | | | | |
| | | | | | Manejar Sistemas de Teleconferencias | | | | | |
| | | | | | Manejar la Web | | | | | |

## C.  Área de perfil

En esta parte se presenta una serie de elementos fundamentales en el desempeño de su función como personal bibliotecario. Indique hasta donde usted está desacuerdo con la aseveración. Utilice la siguiente escala:

1) Completamente en desacuerdo
2) En desacuerdo
3) Neutral
4) De acuerdo
5) Completamente de acuerdo

Aseveración: La preparación y adiestramiento recibido en mi formación como personal bibliotecario me ha permitido funcionar excelentemente en las siguientes áreas:

| AREAS | | | | | |
|---|---|---|---|---|---|
| 1.  Líder en mi profesión | 1 | 2 | 3 | 4 | 5 |
| 2   Gerente Educativo | | | | | |
| 3.  Educador | | | | | |
| 4.  Consultor Educativo | | | | | |
| 5.  Relacionista Publico | | | | | |
| 6.  Investigador | | | | | |
| 7.  Especialista en Información | | | | | |
| 8.  Compromiso con mi profesión | | | | | |
| 9.  Compromiso social | | | | | |
| 10. Compromiso con la Ética | | | | | |
| 11. Compromiso con la educación | | | | | |
| 12. Ninguna de las anteriores | | | | | |

# Uso de las Nuevas Tecnologías de la Información en la Biblioteca

En esta parte se presenta una serie de preguntas fundamentales en el uso de las Nuevas Tecnologías de la Información en la Biblioteca. Marque Aceptable si su biblioteca Utiliza esos servicios y No aceptable si no la utiliza.

| Preguntas | Aceptable | No Aceptable | Comentarios |
|---|---|---|---|
| Ofrecen información especial (de interés) para su biblioteca o localidad a través de las nuevas tecnologías? | | | |
| Creación de índices y/o directorios de Internet por temas específicos? | | | |
| Existen servicios especiales como control de préstamos en línea, renovaciones, y reservas en línea? | | | |
| Tiene algún servicio que utilice tecnología de aviso, por ejemplo: aviso de devolución de libros prestados, o correos electrónicos a los suscriptores de determinados servicios o boletines/ revistas electrónicas? | | | |
| Participa la biblioteca en la constitución de redes cooperativas de la comunidad, por ejemplo: red de historia local, educativa, etc.? | | | |
| Imparte su biblioteca algún tipo de cursos de aprendizaje a distancia o cursos que utilizan nuevas tecnologías destinados a los usuarios, al personal de la biblioteca u otras personas? | | | |

| | | | |
|---|---|---|---|
| Participa la biblioteca de alguna forma en actividades formalizadas o estructuradas de apoyo a cursos de aprendizaje a distancia impartidos por otras instituciones educativas? | | | |
| Utiliza su sitio WEB para generar información sobre los servicios que ofrece la biblioteca? | | | |
| Presta servicios de Intranet para su biblioteca y/o municipio. | | | |
| El servicio de Internet está conectado en la plaza pública a través de la biblioteca? | | | |
| La biblioteca utiliza el sistema de video conferencias con otros países y/o bibliotecas? | | | |
| La biblioteca utiliza los servicios de libros electrónicos? | | | |
| La biblioteca presta servicios a través de las nuevas tecnologías de la información? | | | |
| La biblioteca adiestra al personal que labora en la biblioteca sobre las nuevas tecnologías? | | | |

## Cuestionarios de Preguntas Guías para el Director y/o Encargado de la Biblioteca

A.   Aspectos Demográficos

1.   Género:          _____Femenino _____Masculino

2.   Edad:          _____

3.   Años como Director y/o Encargado:_____ Otros:_____

4. Posee estudios en:

_____ Administración y Supervisión Escolar
_____Bibliotecología
_____Sistemas de Información
_____Administración de Bibliotecas
_____Otras

B. Área de Especialidad

1. Mencione su opinión sobre la necesidad de que el personal bibliotecario reciba adiestramiento en las Nuevas Tecnologías de la Información.

2. Abunde sobre el dominio en Nuevas Tecnologías de la Información que posee el personal bibliotecario que labora en la biblioteca.

C. Área de Perfil

Mencione las características profesionales que posee su personal bibliotecario.

D.  Área de Ejecución

Mencione sobre la actitud del personal bibliotecario que labora en la biblioteca en cuando al uso de las Nuevas Tecnologías de la Información.

| Preguntas | Aceptable | No Aceptable | Comentarios |
|---|---|---|---|
| Ofrecen información especial (de interés) para su biblioteca o localidad a través de las nuevas tecnologías? | | | |
| Creación de índices y/o directorios de Internet por temas específicos? | | | |
| Existen servicios especiales como control de préstamos en línea, renovaciones, y reservas en línea? | | | |
| Tiene algún servicio que utilice tecnología de aviso, por ejemplo: aviso de devolución de libros prestados, o correos electrónicos a los suscriptores de determinados servicios o boletines/ revistas electrónicas? | | | |
| Participa la biblioteca en la constitución de redes cooperativas de la comunidad, por ejemplo: red de historia local, educativa, etc.? | | | |
| Imparte su biblioteca algún tipo de cursos de aprendizaje a distancia o cursos que utilizan nuevas tecnologías destinados a los usuarios, al personal de la biblioteca u otras personas? | | | |

| | | | |
|---|---|---|---|
| Participa la biblioteca de alguna forma en actividades formalizadas o estructuradas de apoyo a cursos de aprendizaje a distancia impartidos por otras instituciones educativas? | | | |
| Utiliza su sitio WEB para generar información sobre los servicios que ofrece la biblioteca? | | | |
| Presta servicios de Intranet para su biblioteca y/o municipio. | | | |
| El servicio de Internet está conectado en la plaza pública a través de la biblioteca? | | | |
| La biblioteca utiliza el sistema de video conferencias con otros países y/o bibliotecas? | | | |
| La biblioteca utiliza los servicios de libros electrónicos? | | | |
| La biblioteca presta servicios a través de las nuevas tecnologías de la información? | | | |
| La biblioteca adiestra al personal que labora en la biblioteca sobre las nuevas tecnologías? | | | |

Los hallazgos en las entrevistas telefónicas a los 78 municipios de Puerto Rico para un 100% demostraron que en Puerto Rico están operando actualmente 71 bibliotecas, lo que significa que actualmente existen 71 bibliotecas para un 91%, identificada como públicas, municipal y comunitaria. Hay dos (2) pueblos que no tienen bibliotecas para un 3% y cinco (5) pueblos que no están operando para un 6% para un total de 100%. Según los resultados de la investigación los motivos por los cuales las bibliotecas están cerradas y/o en operación es por falta de infraestructura, comején y economía presupuestaria. En conclusión con los hallazgos encontrados en este estudio la investigadora realizó el Directorio de Bibliotecas: Públicas, Municipales y Comunitarias de los 78 municipios de Puerto Rico.

Distribución de criterios en el uso de las nuevas tecnologías de la información en las bibliotecas

| | Preguntas | Aceptable | No aceptable |
|---|---|---|---|
| 1 | Ofrecen información especial (de interés) para su biblioteca o localidad a través de las nuevas tecnologías. | 31.3 % | 68.7 % |
| 2 | Creación de índices y/o directorios de Internet por temas específicos. | 8 % | 92 % |
| 3 | Existen servicios especiales como control de préstamos en línea, renovaciones, y reservas en línea. | 10.5 % | 89 % |
| 4 | Tiene algún servicio que utilice tecnología de aviso, por ejemplo: aviso de devolución de libros prestados, o correos electrónicos a los suscriptores de determinados servicios o boletines/ revistas electrónicas. | 13.3 % | 86.7 % |
| 5 | Participa la biblioteca en la constitución de redes cooperativas de la comunidad, por ejemplo: red de historia local, educativa, etc. | 9.6 % | 90.4 % |
| 6 | Imparte su biblioteca algún tipo de cursos de aprendizaje a distancia o cursos que utilizan nuevas tecnologías destinados a los usuarios, al personal de la biblioteca u otras personas. | 20 % | 80 % |

| 7 | Participa la biblioteca de alguna forma en actividades formalizadas o estructuradas de apoyo a cursos de aprendizaje a distancia impartidos por otras instituciones educativas. | 11.3 % | 88.7 % |
|---|---|---|---|
| 8 | Utiliza la WEB para generar información sobre los servicios que ofrece la biblioteca. | 21.7 % | 78.3 % |
| 9 | Presta servicios de Intranet para su biblioteca y/o municipio. | 20.2 % | 79.8 % |
| 10 | El servicio de Internet está conectado en la plaza pública a través de la biblioteca. | 15.8 % | 84.2 % |
| 11 | La biblioteca utiliza el sistema de video conferencias con otros países y/o bibliotecas. | 8.7 % | 91.3 % |
| 12 | La biblioteca utiliza los servicios de libros electrónicos. | 11.3 % | 88.7 % |
| 13 | La biblioteca presta servicios a través de las nuevas tecnologías de la información. | 28.1% | 71.9% |
| 14 | La biblioteca adiestra al personal que labora en la biblioteca sobre las nuevas tecnologías. | 27.0 % | 73.0 % |

Distribución de porcentajes en las contestaciones Aceptables

Contestaciones Aceptables (servicios que son utilizados en la biblioteca)

| 1 | Ofrecen información especial (de interés) para su biblioteca o localidad a través de las nuevas tecnologías. | 31.3 % |
|---|---|---|
| 2 | Creación de índices y/o directorios de Internet por temas específicos. | 8 % |

DRA. DAMALIN JUDITH DÍAZ SUÁREZ

| 3 | Existen servicios especiales como control de préstamos en línea, renovaciones, y reservas en línea. | 10.5 % |
|---|---|---|
| 4 | Tiene algún servicio que utilice tecnología de aviso, por ejemplo: aviso de devolución de libros prestados, o correos electrónicos a los suscriptores de determinados servicios o boletines/ revistas electrónicas. | 13.3 % |
| 5 | Participa la biblioteca en la constitución de redes cooperativas de la comunidad, por ejemplo: red de historia local, educativa, etc. | 9.6 % |
| 6 | Imparte su biblioteca algún tipo de cursos de aprendizaje a distancia o cursos que utilizan nuevas tecnologías destinados a los usuarios, al personal de la biblioteca u otras personas. | 20 % |
| 7 | Participa la biblioteca de alguna forma en actividades formalizadas o estructuradas de apoyo a cursos de aprendizaje a distancia impartidos por otras instituciones educativas. | 11.3 % |
| 8 | Utiliza su sitio WEB para generar información sobre los servicios que ofrece la biblioteca. | 21.7 % |
| 9 | Presta servicios de Intranet para su biblioteca y/o municipio. | 20.2 % |
| 10 | El servicio de Internet está conectado en la plaza pública a través de la biblioteca. | 15.8 % |
| 11 | La biblioteca utiliza el sistema de video conferencias con otros países y/o bibliotecas. | 8.7 % |
| 12 | La biblioteca utiliza los servicios de libros electrónicos. | 11.3 % |
| 13 | La biblioteca presta servicios a través de las nuevas tecnologías de la información. | 28.1 % |

14 La biblioteca adiestra al personal que labora en la biblioteca 27.0 % sobre las nuevas tecnologías.

---

Distribución de porcentajes en las contestaciones No Aceptables

---

No aceptables (que no son utilizadas en la biblioteca)

1  Ofrecen información especial (de interés) para su biblioteca 68.7 % o localidad a través de las nuevas tecnologías.

2  Creación de índices y/o directorios de Internet por temas 92 % específicos.

3  Existen servicios especiales como control de préstamos en 89 % línea, renovaciones, y reservas en línea.

4  Tiene algún servicio que utilice tecnología de aviso, por 86.7 % ejemplo: aviso de devolución de libros prestados, o correos electrónicos a los suscriptores de determinados servicios o boletines/ revistas electrónicas.

5  Participa la biblioteca en la constitución de redes 90.4 % cooperativas de la comunidad, por ejemplo: red de historia local, educativa, etc.

6  Imparte su biblioteca algún tipo de cursos de aprendizaje 80 % a distancia o cursos que utilizan nuevas tecnologías destinados a los usuarios, al personal de la biblioteca u otras personas.

7  Participa la biblioteca de alguna forma en actividades 88.7% formalizadas o estructuradas de apoyo a cursos de aprendizaje a distancia impartidos por otras instituciones educativas.

DRA. DAMALIN JUDITH DÍAZ SUÁREZ

| 8 | Utiliza su sitio WEB para generar información sobre los servicios que ofrece la biblioteca. | 78.3 % |
| 9 | Presta servicios de Intranet para su biblioteca y/o municipio. | 79.8 % |
| 10 | El servicio de Internet está conectado en la plaza pública a través de la biblioteca. | 84.2 % |
| 11 | La biblioteca utiliza el sistema de video conferencias con otros países y/o bibliotecas. | 91.3 % |
| 12 | La biblioteca utiliza los servicios de libros electrónicos. | 88.7 % |
| 13 | La biblioteca presta servicios a través de las nuevas tecnologías de la información. | 71.9 % |
| 14 | La biblioteca adiestra al personal que labora en la biblioteca sobre las nuevas tecnologías. | 73.0 % |

Identificación de las bibliotecas existentes en Puerto Rico:
Publicas, Municipales, Comunitarias y Rincón de Lectura

| Identificación de la biblioteca | Pueblo de ubicación de la biblioteca |
|---|---|
| Bibliotecas Municipales<br><br>Estas bibliotecas son administradas con fondos municipales, fondos federales y estatales asignados a bibliotecas públicas. Los fondos federales son bajo la Ley LSCA (Library Service and Construction) y la Ley 86. | Adjuntas, Aguas Buenas, Aibonito, Arecibo, Barceloneta, Barranquitas, Bayamón, Caguas, Canóvanas, Carolina, Cataño, Cayey, Cidra, Coamo, Fajardo, Florida, Guaynabo, Hatillo, Hormigueros, Quebradillas, Rincón, Juana Díaz, Juncos, Lares, Las Marías, Las Piedras, Loíza, Luquillo, Manatí, Maunabo, Mayagüez, Morovis, Naranjito, Patillas, Peñuelas, Ponce, Salinas, San Lorenzo, Santa Isabel, San Juan, Toa Alta, Trujillo Alto, Vega Baja, Vieques, Yabucoa. |
| Bibliot Bibliotecas públicas<br><br>Estas bibliotecas son administradas con fondos municipales, fondos federales y estatales asignados a bibliotecas públicas. Los fondos federales son bajo la Ley LSCA (Library Service and Construction) y la Ley 86. La biblioteca tiene un convenio con el Municipio y el Departamento de Educación. | Aguada, Añasco, Cabo Rojo, Camuy, Ceiba, Ciales, Comerío, Corozal, Guayama, Guayanilla, Gurabo, Guánica, Humacao, Jayuya, Lajas, Maricao, Moca, Sábana Grande, San Germán, San Sebastián, Toa Baja, Utuado, Villalba, Yauco. |

DRA. DAMALIN JUDITH DÍAZ SUÁREZ

Bibliotecas cerradas actualmente

Estas bibliotecas están cerradas, por lo tanto no son administradas ni por el Municipio ni el Departamento de Educación hasta el momento de la investigación

Arroyo (BP), Río Grande (BM), Naguabo (BP), Orocovis (BM) y Vega Baja (BM).

Bibliotecas que están identificadas actualmente como: comunitarias y rincón de lectura.

Dorado (BC), Isabela (RL) y Culebra (BC)

Bibliotecas cerradas y en operación en Puerto Rico

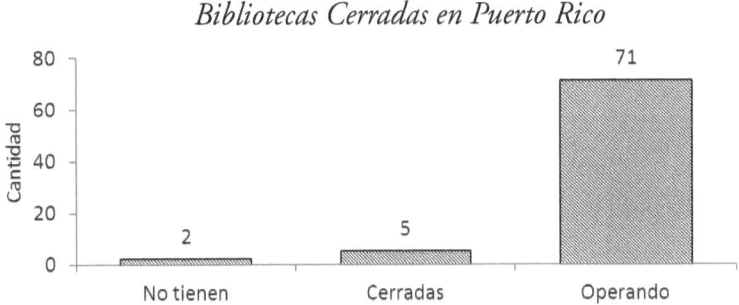

*Bibliotecas Cerradas en Puerto Rico*

| Identificación de la Biblioteca | Administración |
|---|---|
| Biblioteca Pública<br><br><br><br>Biblioteca Municipal | Administrada por el Departamento de Educación en la cual existe un convenio entre el Municipio y el Departamento de Educación, la mayoría de estas bibliotecas el bibliotecario (a) responde directamente al Departamento de Educación, demás personal responden directamente al municipio. |
| Biblioteca Comunitaria | Administrada únicamente por el municipio a la cual pertenece y el personal que labora en las mismas son empleados municipales.<br><br>Administrada por un grupo comunitario a la cual pertenecen. |

## Conclusiones de estudio

La riqueza de la información recopilada ha hecho posible esta investigación y han permitido extraer conclusiones que nos permiten constatar en la realidad sobre la situación actual de las bibliotecas públicas de Puerto Rico bajo estudio ante las nuevas tecnologías de la información. En efecto, el estudio, las llamadas telefónicas, las entrevistas y sobre todo la encuesta llevadas a cabo apuntaron hacia varias conclusiones, siendo las principales las que presentamos a continuación:

Se pudo establecer mediante este estudio que el mayor número del personal bibliotecario que labora en las bibliotecas públicas de Puerto Rico, no tienen el adiestramiento y dominio necesarios en el uso y manejo de las nuevas tecnologías de la información como técnica de enseñanza en su labor como profesional de la información en las bibliotecas.

El estudio demostró el cambio profundo que atraviesan las bibliotecas públicas de Puerto Rico con los cambios de gobierno, les dificulta la tarea de definir el rol que ellas tienen en la actualidad. Pero a pesar de esta situación, muchas de ellas tratan de mantener aún las funciones que les han sido tradicionales, como el apoyo a la docencia, la investigación y la extensión, encargándose de adquirir, organizar y difundir información a la comunidad a la que le sirven. Además, de transferir y generar nuevos conocimientos a partir de los recursos que actualmente tienen disponibles.

El estudio arrojó que uno de los problemas principales de las bibliotecas públicas es en torno a que el personal bibliotecario que labora en las bibliotecas es nombrado sin los requisitos necesarios de adiestramiento y dominio en tecnología, además, que el adiestramiento y dominio en tecnología son insuficientes en la mayoría del personal bibliotecario actualmente en las bibliotecas de Puerto Rico. En algunos caso han mantenido o disminuido el personal, en otros han aumentado el personal no capacitado ni adiestrado para ofrecer servicios bibliotecarios, especialmente en las nuevas tecnologías de la información, lo que dificulta la labor del director y/o encargado de las bibliotecas en ofrecer estos servicios a la comunidad y lo que irremediablemente los llevará a un menoscabo de la calidad de servicio que se ofrece y lo que consideramos más grave, terminará ocasionando un deterioro progresivo en la salud del poco personal motivado y capacitado por una sobrecarga de trabajo.

Además, el estudio indica que existe una dificultad para enfrentar los cambios tecnológicos y lograr administrarlos eficientemente, que son los que han provocado mayor impacto en las bibliotecas, que hacen necesario recurrir a nuevas estrategias en los diversos servicios de las bibliotecas. La obtención de los recursos financieros es un problema común en todas las bibliotecas públicas de Puerto Rico, generalmente no son proporcionales a las necesidades. Esta dificultad es mayor cuando la biblioteca aún no ha alcanzado una infraestructura tecnológica y física adecuada, por lo que se debe invertir más en ella. Los municipios, el gobierno estatal, Departamento de Educación y la administración superior de las bibliotecas públicas no decide hacer fuertes inversiones económicas, por lo que los directores y/o encargados de las mismas prefieren gestionar fondos externos, a través de propuestas federales para obtener tecnologías nuevas y tratar de ofrecer un servicio a la comunidad a la que sirve, cabe señalar que muchas de estas propuestas no son aceptadas por falta de personal adiestrado en el manejo de información y conocimiento para cumplimentar, realizar y radicar las mismas.

Por otra parte, el estudio demostró que existe una cierta incomunicación entre la administración superior y sus bibliotecas públicas y, en esto coinciden la mayoría de los directores y/o encargados. Los canales de comunicación no siempre son productivos y los que dirigen las bibliotecas no suelen participar en la administración superior, esto no genera ningún beneficio a la comunidad a la que sirve la biblioteca. Entienden éstos que es necesario que las administraciones superiores comprendan la importancia de las bibliotecas públicas y no las trate como cualquier otro órgano administrativo, ya que es un servicio educativo y sus funciones son fundamentales para el desarrollo de las labores de la comunidad a la que sirve.

## Además del los hallazgos antes mencionado, se plantean otros como resultados de la encuesta a través de este estudio:

El estudio demostró, además, que es una realidad el alto grado de interés que muestran los directores y/o encargados de las bibliotecas estudiadas respecto a la aplicación de las nuevas tecnologías de la información en las bibliotecas en la que laboran.

Según otro hallazgo la mayoría de las bibliotecas públicas no cuentan con los recursos tecnológicos para la automatización, catalogación automatizada y catálogo en línea. La mayor parte de las bibliotecas cuentan con el catálogo de tarjetas. Las que cuentan con la automatización de sus recursos y el catálogo en línea, no cuentan con el personal bibliotecario calificado para realizar la catalogación automatizada. La mayor parte del personal bibliotecario no posee educación formal o reglamentada en bibliotecología y las nuevas tecnologías de la información.

El estudio demostró que en el momento actual, las bibliotecas no tienen claramente identificados los objetivos en cuanto a la adquisición y la utilización de las nuevas tecnologías de la información. En la mayoría de las bibliotecas no existen planes, políticas ni reglamentos sobre las nuevas tecnologías de la información. Por lo tanto, el estudio demostró claramente que las bibliotecas públicas no están capacitadas para adaptarse a los cambios del medio ambiente y responder a los retos de las nuevas tecnologías de la información.

Los resultados de esta investigación permiten generar unas recomendaciones de cómo integrar las nuevas tecnologías de la información en las bibliotecas públicas basado en los hallazgos presentadas en el estudio. Igualmente, esta investigación ayuda a identificar los patrones, similitudes y diferencias encontradas en cada situación estudiada.

## Recomendación a nuevas líneas de investigación sobre el tema

Es necesario nuevos estudios consolidados con las bibliotecas públicas y la bibliotecología, como por ejemplo:

1. La importancia de las bibliotecas públicas y su connotación social.
2. El rol educativo de los bibliotecarios públicos, y su influencia en los parámetros de la calidad de la educación.

Otros temas interesantes y posibles de investigar, que se desprende de este trabajo son:

1. El grado de satisfacción del personal bibliotecario con sus ambientes de trabajo (clima organizacional).
2. El estado actual de las bibliotecas públicas.
3. La administración de las bibliotecas, así como también la selección del personal bibliotecario que labora en las bibliotecas públicas.

Se presenta un diagrama basado en los hallazgos de este estudio donde se plasma el estado actual de las nuevas tecnologías de la información y el personal bibliotecario en las bibliotecas públicas de Puerto Rico.

# Diagrama de la Situación de las Bibliotecas Públicas ante las Nuevas Tecnologías y el Personal Bibliotecario

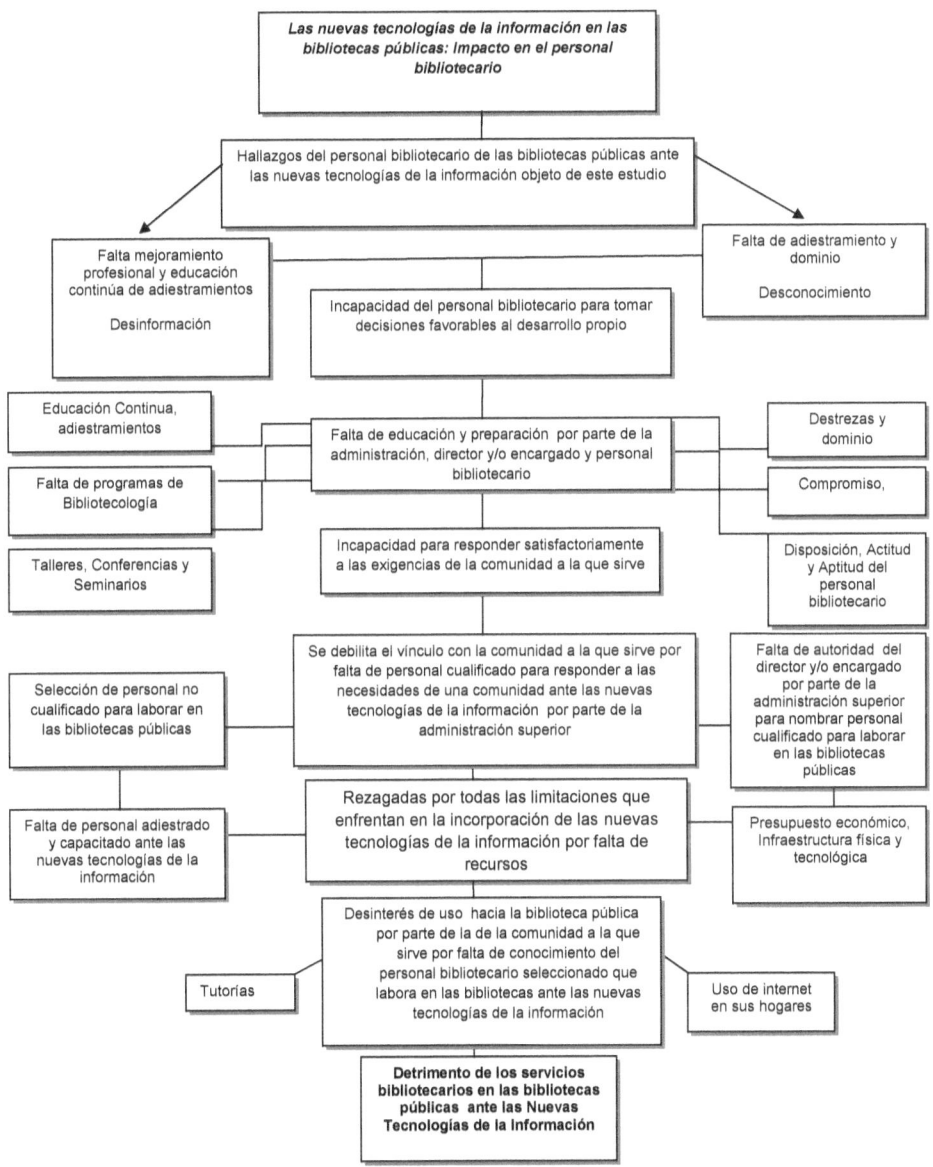

# PROPUESTA DE ALIANZA ENTRE PAÍSES, UNIVERSIDADES CON PROGRAMAS DE BIBLIOTECOLOGÍA Y TECNOLOGÍAS DE LA INFORMACIÓN, Y LAS BIBLIOTECAS PÚBLICAS

## Introducción:

La presente propuesta tiene como finalidad la consolidación de una alianza estratégica entre los municipios, universidades y bibliotecas públicas lo que generará grandes beneficios para el personal bibliotecario y los servicios que ofrecen las bibliotecas públicas, y que éstas a su vez puedan hacer frente a las demandas y necesidades que requiere la comunidad a la que sirve ante las nuevas tecnologías de la información.

## Misión de la biblioteca pública

La biblioteca pública es una entidad respaldada y financiada por el gobierno local y el gobierno estatal que aspira satisfacer de la comunidad a la que sirve en materia de información, educación, recreación, desarrollo personal, cultural, aumentar los conocimientos, desarrollo de creatividad y convivencia democrática. Promueve la igualdad de oportunidades de las personas en el acceso de información, constituye un centro local de tecnologías de la información, centro de información cultural, y centro de información para la comunidad.

Con la consolidación de las bibliotecas públicas y las Universidades con Programas en Bibliotecología y Tecnologías de la Información se busca fortalecer, difusión de los procesos de incorporación de las nuevas tecnologías de información desde las diferentes instituciones. Las bibliotecas públicas necesitan de una propuesta de trabajo consistente, sistemática y diversa sobre la incorporación de las tecnologías de la información para ofrecer a la comunidad una alianza solida en actividades permanentes en el uso y manejo de las tecnologías de información con los conocimientos que adquieren los estudiantes del Programa de Bibliotecas y pueden ponerlos en prácticas en las bibliotecas públicas ayudando a adiestrar al personal bibliotecario que carece de estas destrezas y conocimiento sobre estas materias que son tan importantes para el funcionamiento en sus servicios.

## Objetivos

Enriquecer y apoyar la gestión de las bibliotecas públicas a través de la participación de estudiantes universitarios de últimos semestres de las carreras de bibliotecología para que, desde una mirada interdisciplinaria y a través de un enfoque diferencial, contribuyan a mejorar la gestión y el rol de las bibliotecas en sus comunidades y al mismo tiempo complementen su formación a través del trabajo de campo. Los estudiantes deberán adiestrar al personal bibliotecario, poner en marcha de actividades de fortalecimiento, mejoramiento de los servicios y programas de las bibliotecas, así como el desarrollo de proyectos bibliotecarios en la incorporación de las nuevas tecnologías de la información orientados a la identificación, recuperación, sistematización y difusión de los recursos tecnológicos.

## Objetivos específicos

1. Impulsar la formulación de las políticas públicas de tecnología y bibliotecas para el municipio.

2. Revitalizar las bibliotecas como espacios de encuentro y de aprendizaje con planes y proyectos de formación del personal bibliotecario ante las nuevas tecnologías de la información.

3. Orientar y adiestrar al personal bibliotecario que labora en las bibliotecas públicas sobre cómo se deben ofrecer los servicios de información ante las nuevas tecnologías de la información en la biblioteca.

4. Establecer vínculos, alianzas, convenios y acuerdo de trabajo e intercambio entre las bibliotecas del municipio: públicas, escolares, universitarias y comunitarias.

5. Diseñar, realizar y participar en actividades incorporación de tecnología de acuerdo a los usuarios de las bibliotecas.

6. Favorecer una agenda de promoción de tecnología e investigación desde las bibliotecas para la comunidad.

7. Asumir por parte de todos los participantes un rol participativo y protagónico en la promoción y difusión de las nuevas tecnologías de la información en todo el municipio y la comunidad a la que sirve.

8. Garantizar la igualdad de oportunidades de desarrollo tecnológico, las bibliotecas públicas deberán hacer posible el acceso de todas las personas a sus propios recursos y a los de otras entidades mediante la creación, el mantenimiento, la participación y la difusión de redes telemáticas que cubran los planos local, nacional e internacional.

9. La biblioteca pública deberá establecer vínculos formales con otras organizaciones de la comunidad, tales como escuelas, universidades,

DRA. DAMALIN JUDITH DÍAZ SUÁREZ

instituciones culturales, museos, archivos, centros de investigación y otros centros de información.

10. La biblioteca pública deberá constituirse en un centro que proporcione a sus usuarios acceso a las nuevas tecnologías de la información, capacitación en el uso adecuado de esas tecnologías y motivación para utilizarlas responsablemente.

## Propósito:

Que los estudiantes de bibliotecología y tecnologías de la información realicen prácticas docentes en las bibliotecas públicas como labor comunitaria y que a éstos a su vez le sean convalidados como créditos como parte de su programa de clases. Que los estudiantes siembren una semilla de experiencias que vale la pena difundir, así como alentar al personal bibliotecario y despierten su interés en la utilización de las nuevas tecnologías de la información. Ayuden a la creación de un programa estructurado y permanente de capacitación periódica que incluya el manejo de la información, tecnologías, redes digitales, uso de programas y acceso a fuentes de información con sus conocimientos adquiridos en los programas de bibliotecología y tecnologías, para que el personal bibliotecarios de las bibliotecas públicas a su vez pueda ofrecer un servicio de excelencia y calidad a la comunidad a la que sirven, mediante los conocimientos impartidos por éstos estudiantes.

## Participantes:

Pueden participar todo estudiante del Programa de Bibliotecología y Tecnologías de la Información de las Universidades que estén próximos a graduarse.

# BIBLIOGRAFÍA GENERAL

Abarca, R. (1981). *Taller de investigación, elaboración y asesoría de tesis*. Recuperado de http://www.ucsm.edu.pe/rebarcaf/htm

Adams, R. (1994). *Comunicaciones y acceso a la información en la biblioteca*. Madrid: Fundación Germán Sánchez Ruipérez.

Alonso, C & Gallego, D. (2002). "*Ley de calidad. Tecnologías de la Información y la Comunicación*". Revista de Educación MECD, diciembre 2002.

Alvarado, R. (2001). *Bibliografías de las bibliotecas*. Recuperado de http://biblioteca.pucp.edu.pe/docs/BibliografiaDarwin.pdf

American Library Association (ALA). (1989). *The importance of information literacy to individual, business and citizenship*. Recuperado de http://www.ala.org/acrl/publications/whitepapers/presidential#opp

American Library Association (ALA). (2000). *Normas sobre aptitudes para el Acceso y Uso de la Información para la Educación Superior*. Recuperado de http://www.aab.es/51n60a6.pdf

American Psychological Association. (2010). *Publication Manual of the American Psychological Association*. (6th ed.). Washington, DC: American Psychological Association.

Amill, P. y Otros. (2003). *La sociedad de la información en Puerto Rico: Percepciones, retos y desarrollo para los bibliotecarios y profesionales de la información*". Primer congreso virtual de aprendizaje con tecnologías presentado en Puerto Rico del 5 al 9 de mayo [en línea]. Recuperado de http://www.universia.pr/congreso/42/42.pdf

Ander-Egg, E. (1980). *Técnicas de investigación social*. (14ª ed.). Buenos Aires: El Cid Editor.

Araujo, (1985). *Biblioteca popular o compromiso social del bibliotecario.* Revista Escola Biblioteconomía. Recuperado de http://www.brapci. ufpr.br/journal.php?dd0=5

Ari, D., Jacohs, L.C., & Razaviech, A. (1994). *Instrucción a la Investigación Pedagógica.* México: McGraw-Hill.

Ávila, H.L. (2006). *Introducción a la metodología de la investigación.* Edición electrónica. Recuperado de http://www.eumed.net/libros/2006c/203/

Aviram, A. (2002). *El impacto de la sociedad de la información en el mundo educativo.* Recuperado de http://www.peremarques.net/impacto.htm

Babbie, E. (2010). *The practice of social research.* (12th ed). California: Wadsworth Publishing.

Barrón, C. (2006). *Aprendizaje Invisible: Hacia una nueva ecología de la educación.* Recuperado de http://prezi.com/uuc59zknota9/aprendizaje-invisible-hacia-una nueva-ecología-de-la-educación/

Bertot, J. & McClure, C. (1998). *Measuring electronic services in public libraries: Issues and recommendations.* Public Libraries.

Bertot, J. & McClure, C. (2001). *Statistics and performance measures for public library networked services.* Chicago: American Library Association.

Birdsall, J. (1988). *The political persuasion to Librarianship.* Library Journal 113(1). Recuperado de http://www.libraryjournal.com/lj/reviews/videodvd/890454286/trailers_june_1_2011.html.csp

Bonilla, C. (2003). *La transformación de la biblioteca escolar en la sociedad de la información.* Recuperado de http://www.juntadeandalucia.es/averroes/bibliotecaescolar/images/MisPdf/organizacionygestion/Transformacion.pdf

Bogdan, R. C. & Biklen, S. K. (2003). *Qualitative research for education: An introduction to theories and methods* (4th ed.). Boston: Pearson.

Brophy, J. (1987). *On motivating student Occasional Paper.* Núm. 101. Michigan.

Bryant, A. & Charmaz, K. (2007). *The SAGE handbook of grounded theory*. Los Ángeles, CA: Sage Publications.

Brzycki, D. y Dudt, K. (diciembre, 2005). *Overcoming barriers to technology use in teacher preparation programs. Journal of Technology and Teacher Education*. Recuperad de http://www.accessmylibrary.com/coms2/summary_0286-11818720_ITM.

Carrión, M. (2002). *Manual de Bibliotecas*. 2ª ed. Madrid.

Capeles, A. (1997). *The impact of new library information technology on knowledge, skills, and attitudes of university professors at the Rio Piedras Campus of the University of Puerto Rico* (Doctoral Dissertation). Recuperado de Proquest Dissertations and Thesis database. (UMI No. 736844511

Castell, M. (2002). *La era de la información. Economía, sociedad y cultura, vol. 1. La sociedad red*. Siglo XXI.

Castillo, O. (1997). *El profesional de la información*. AIBDA. 18 (2): 81-85.

Castillo, E. (2010). *Incorporación de la Alfabetización en Información a los servicios de la Biblioteca Nacional de Chile: tutorial en línea*. Recuperado de http://www.norteamericano.cl/sites/norteamericano/

Castro, M. & Luque de Sánchez, M.D. (2001). *Puerto Rico en su historia: El rescate de la memoria*. Editorial la biblioteca.

Chacón, L. (2007). *El profesional de la información oportunidades labores y desarrollo profesional*. Congreso Internacional y VI Congreso Nacional de Bibliotecarios, Documentalistas y Archivistas. Paraguay.

Cisler, S. (1998). *Telecentros y bibliotecas: nuevas tecnologías y nuevas colaboraciones;* traducido por Marianne Cadle, 1998. Escrito para la conferencia anual de IFLA llevada a cabo en la ciudad de Amsterdam, Holanda. Recuperado de http://wari.rcp.net.pe/FRE/forocabinas/articulos/telecentros_005.htm

Colón, V. (2001). *Programa y servicios bibliotecarios para jóvenes desertores escolares en las bibliotecas públicas del área metropolitana de San Juan, Puerto Rico.* Biblioteca Lázaro. Universidad de Puerto Rico. San Juan, Puerto Rico.

Congreso INFOEM, (1996). *Ingeniería de la información,* [On-line]. Dirección URL: Recuperado de http://www.um.es/~gtiweb/fjmm/ingenieria.htm

Corbin, J. & Strauss, A. L. (2008). *Basics qualitative research: Techniques and procedures for developing grounded theory* (3rd ed.). Thousand Oaks, CA: Sage Publications.

Council of Library Resources. (1996). *Public libraries, communities and technology: Twelve case studies.* Washington: Council of Library Resources.

Charmaz, K. (2006). *Constructing Grounded Theory: A Practical Guide through Qualitative Analysis.* London: Sage.

Creswell, J. W. (2000). *Educational research: Planning, conducting and evaluation quantitative and qualitative research.* Upper Saddle River. N.J. Merrill Prentice Hall.

Creswell, J. W. (2007). *Qualitative inquiry and research design: Choosing among five approaches.* (2nd ed.) Thousand Oaks, CA: Sage Publications.

Cruz, L. M. (2010). Educational *Technology Management.* Atlantic International University. New York.

Delgado, C. (1974). *Misión, crítica y defensa de la biblioteca.* Boletín sociedad de bibliotecarios. 5-13.

De la vega, A. (2005). *El mercado laboral y la formación de los bibliotecólogos.* Bibliotecas 22(3). 5-22.

Departamento de Educación. (2000). *Estándares de Excelencia en las Bibliotecas. San Juan, Puerto Rico.*

Departamento de Educación (2003). *Marco Curricular*. Programa de Bibliotecas. San Juan, Puerto Rico.

Departamento de Educación. (2005). *Programa de Servicios Bibliotecarios y de Información*. San Juan: Puerto Rico. Recuperado de http://www.gobierno.pr/dePortal?Escuelas/Bibliotecas.aspx

Duarte, A. (2000). *El impacto tecnológico*. Recuperado de http://enj.org/portal/biblioteca/funcional_y_apoyo/bibliotecainformacion/21.pdf

Echevarría, J. (2001). *Las TIC en Educación*. Revista Iberoamericana. Recuperado de http://www.feteugtalmeria.org/revistadigital/index.php?option=com_content&view=article&id=52:el-aula-tic-ide-que-hablamos&catid=36:noticias-generales&Itemid=135

Echevarría, A. (2004). *La biblioteca en el siglo XXI: espacio palpitante para la escritura creativa*. Revista El Sol, Año XLVIII. *El analfabetismo tecnológico. (2009).* Revista Electrónica Gestiopolis. Recuperado de http://www.gestiopolis.com/recursos4/docs/ger/analfa.html.

Eley, R., Fallon, A., Bruce, Soar, J., Buikstra, E. y Hegney, D. (2008). *Barriers to use of information and computer technology by Australia's nurses: a national survey. Journal of Clinical Nursing*. Recuperado de http://eprints.usq.edu.au/3700/

Escolar, H. (1995). *La historia de las bibliotecas. (3ra ed. rev.)* Madrid: Fundación Germán Sánchez Rupérez.

Eye, J. (2003). *The Relationship between School Library Media Programs and Student Achievement on Standardized Reading Test in Utah*. ProQuest. Digital Dissertation, UMI 3085440

Felicié, A. M. (2006). *Biblioteca Pública, sociedad de la información*. Buenos Aires: Ediciones Alfragrama.

Fernández de Zamora, R.M. (1994*). La historia de las bibliotecas en México. Un tema olvidado*. 60th IFLANET Annual Conference-August 21-27. Recuperado de http://www.infla.org/IV/Ifla60/60-ferr.htm

Ferrer, J. (2009). *La frecuencia de uso y el conocimiento que tienen los educadores del blog como técnica de enseñanza* [disertación]. Universidad del Turabo, Puerto

Figueras, C. (2007). *Guía para integrar las destrezas de información al currículo* [DVD]. Departamento de Educación, Estado Libre Asociado de Puerto Rico.

Figueras, C. (1990). *A historical appraisal of the establishment, development, growth, and impact of the school libraries in Puerto Rico, 1900 to 1984. ProQuest*. Digital Dissertation, UMI 9024094.

Figueroa, I. (1990). *El sistema de bibliotecas públicas del Departamento de Educación de Puerto Rico.* 027.47295F475. Biblioteca Lázaro, Puerto Rico.

Fraguada, M. (2008). *Las bibliotecas públicas de Puerto Rico, su historia e importancia en el desarrollo en la lectura.* (Tesis maestría). Universidad Metropolitana, Copey, Puerto Rico.

Gaines, E.J. (1985). *"Public responsibility for a public library". Public Library Quarterly.* Recuperado de http://ucr.academia.edu/SarayC%C3%B3rdoba/Papers/585624/La_participacion_del_Estado_en_el_desarrollo_de_las_bibliotecas_publicas_y_de_la_sociedad

Gamboa, S. (2000). *Nuevo rol para el profesional de la biblioteca del futuro.* Recuperado de *dialnet.unirioja.es/descarga/artículo/283288.pdf.*

García, N. (2001). *Datos históricos del sistema de educación pública de Puerto Rico.* (1898-2000). Revista El Sol XLIV.

Gill. (2001). *Information policies.* Journal of information science. Publisher Routledge. London.

Gómez, C. y Cruz, D. (1970). *La escuela puertorriqueña.* Sharon, Conn: Troutman Press.

Greenhow, C., Robelia, B., y Hughes, J. (2009). *Should We Take Learning, Teaching, and Scholarship in a Digital Age: Web 2.0 and Classroom*

*Research: What Path should we take know?* Educational researcher, 38(40), 246.

Gregory, M. (2000). *"Harrod's Librarians' Glossary and Reference Book.* (9th ed.) New Library World. Emerald Group Publishing Limited.

Harnad, S. (1990). *Symbols and Nets: Cooperation vs. Competition.* Recuperado de http://users.ecs.soton.ac.uk/harnad/vita.html

Harris, C. (1995). *Bibliotecas y la sociedad de la información.* Recuperado de http://www.ibersid.eu/ojs/index.php/scire/article/viewArticle/1097.

Hernández, A. (2004). *El rol de las bibliotecas ante la brecha digital. Pez de plata: Bibliotecas públicas a la vanguardia,* 1(2).

Hernández, M. (2009). *Maestros bibliotecarios: percepción del rol institucional.* Universidad Interamericana. San Juan, Puerto Rico.

Hernández, R., Fernández, C & Baptista, P. (1991). *Metodología de la investigación.* (2ª ed.). México: McGraw-Hill.

Hernández Sampieri, R. & Fernández-Collado, C. & Baptista Lucio, P. (2006). *Metodología de la investigación* (4ta ed.). México: McGraw Hill.

INFOEM, (1996). *El rol del bibliotecario en la sociedad de la información.* Recuperado de http://www.monografias.com/trabajos6/biso/biso. shtml.

IFLA/UNESCO. (1994). *Manifiesto de Alejandría sobre Bibliotecas Públicas: la Sociedad de la Información en Acción.* Recuperado de http://archive. ifla.org/III/wsis/AlexandriaManifesto-es.html

Isaac, S., y Michael, B. (1995). *Handbook in research and evaluation.* (3rd ed.). San Diego, CA: Edits Publishers.

Jaramillo, O., Mocada, J.D. (2007). *La biblioteca pública y las tecnologías de la información y las comunicaciones (TIC): una relación necesaria. Revista Interamericana de Bibliotecología,* 2007, vol. 30, no. 1, p. 15-50.

King, N. & Horrocks, C. (2010). *Interviews in qualitative research.* Thousand Oaks, CA: Sage Publications.

Klobas, E., Clyde, L. (2001). *"Social influence and Internet use"*. *Library Management*.

Lance, K. C., Rodney, M. J. & Hamilton-Pennell, C. (2005). *Powerful Libraries Make Powerful Learners: The Illinois Study*. Recuperado dehttp://www.alliancelibrarysystem.com/illinoisstudy/TheStudy.pdf

La Real Academia Español, (1992). *Diccionario*. Recuperado de http://www.rae.es/rae/gestores/gespub000020.nsf/(voAnexos)/arch212F9B5 2EA5926BCC125716A003313E8/$FILE/ListaDiccionarios.htm

Lerner, F. (1999). Historia *de las bibliotecas del mundo: Desde la innovación de la escritura hasta la era de la computación*. (5ª ed.). Troquel Editorial.

Ley 107-110. (2001). *No Child Left Behind Act*. Recuperado de http://www.ed.gov/legislation/ESEA02/index.html

Ley Número 188. (2003*). Para designar la Biblioteca General de Puerto Rico como biblioteca Nacional de P.R*. Recuperado de http://www.lexijuris.com/LEXLEX/Leyes2003/lex12003118.htm.

Lincoln, Y. S., & Guba, E. G. (2000). Paradigmatic *controversies: contradictions, conditions and emerging confluences*. En Handbook of qualitation research. Thousand Oaks, CA: Sage Publication.

López, CM. (2002). *Persona y profesión: procedimientos y técnicas de selección y orientación*. Madrid, TEA Ediciones.

Lucca, N. & Berríos, R. (2009). *Investigación cualitativa: Fundamentos, diseños y estrategias*. Cataño, PR: Ediciones SM.

Macedo, M. (1986). *Ideología de biblioteconomía*. Revista da Escolla de Biblioteconomía UFMG. Recuperado de http://ucr.academia.edu/SarayC%C3%B3rdoba/Papers/585624/La_participacion_del_Estado_en_el_desarrollo_de_las_bibliotecas_publicas_y_de_la_sociedad

Marques, G. (2000). *El impacto de la sociedad de la información en el mundo educativo*. Recuperado de http://www.peremarques.pangea.org/impacto.html.

Márquez, T. (1998). *Tecnologías, Democracia y Placer. El Rol de los nuevos mediadores electrónicos.* En Razón y Palabra. Núm. 9. (Nov-Enero).

Marshall, C., y Rossman, G. (1995). *Designing qualitative research.* Thousands Oaks, CA: Saje.

Matar, A. (2007). *Historia de la sociedad de la información.* Editions Pidos. Ibérica.

Martens, H. (2001). *Construction of an action research project about and organizational change.* Tulsa, OK: International Research Conference.

Maxwell, J. A. (2005). Qualitative *research design: An interactive approach* (2nd ed.). Applied Social Research Methods Series, Vol. 42. Thousand Oaks, CA: Sage Publications.

Morgan, (1985). *Fundamentos y estrategias para integrar la biblioteca pública al desarrollo rural de América Latina y el Caribe.* Seminario sobre Bibliotecas Públicas para América Latina y el Caribe. (Lima, Cajamarca, Perú 21 25 oct., 1985). Lima: Unesco y Unisex 1985.

Mendenhall, W. & Reinmuth, J. (1978). *Estadística para administración y económica.* México.

Merriam, S. B. (2009). *Qualitative research: A guide to design and implementations.* San Francisco. Publisher Jossey-Bass.

Ministerio de Educación. (2002). *Pautas sobre los servicios de la biblioteca pública.* Recuperado de http://rbgalicia.xunta.es/Legislacion/Pautas/PautasCast.pdf

Morse, J. M. et al. (2009). Developing *grounded theory: The second generation.* Walnut Creek, CA: Left Coast Press.

McClure, C. (1996). *Enhancing the Role of Public Libraries in the National Information Infrastructure.* Recuperado de http://eric.ed.gov/ERICWebPortal/search/detailmini.jsp?_nfpb=true&_&ERICExtSearch_SearchValue_0=EJ529650&ERICExtSearch_SearchType_0=no&accno=EJ529650.

López, CM. (2002). Personas y profesión: procedimientos y técnicas de selección y orientación. Madrid, TEA, Ediciones.

O'Neill de Millán. (1951). *Conferencia radial en conmemoración del 75 aniversario.* 4 de octubre de 1951. Emisora WIAC. Tomado de transcripción en Vázquez Cartagena (1998).

Ortega & Gasset. (1962). *Misión del bibliotecario y otros ensayos afines.* Madrid. *Revista de Occidente.*

Otero, M. (1998). *Servicios bibliotecarios para jóvenes en las bibliotecas Públicas puertorriqueñas.* Puerto Rico. Universidad de Puerto Rico.

Páez, A. (1986). *Bibliotecas públicas: la tercera oleada.* Recuperado de http://ucr.academia.edu/SarayC%C3%B3rdoba/Papers/585624/ La_participacion_del_Estado_en_el_desarrollo_de_las_bibliotecas_ publicas_y_de_la_sociedad

Pagan, L. (2010). *La integración de las herramientas sociales en el currículo de la educación superior: La percepción de la facultad.* Universidad del Turabo. (Doctoral Dissertation). Recuperado de ProQuest Dissertations and Theses database. (UMI. No. 3469753).

Paredes, J. (2008). *La imaginación es el límite.* El Comercio Perú. Recuperado de http://www.elcomercioperu.com.pe/edicionimpresa/ Html/2008-02-03/la-imaginacion-limite.html.

Patton, M. Q. (2002). *Qualitative research and evaluation methods* (3rd ed.). Tosan Yaks, CA: Saje Publications.

Piñeiro, J. (1987). *Un siglo de literatura infantil puertorriqueña.* San Juan, Puerto Rico. Editorial Universidad de Puerto Rico.

Ponce, O. (1998). *Redacción de informes de investigación. Puerto Rico.* Publicaciones Puertorriqueñas.

Prada, E. (2001). *El profesional de la información y su papel en la sociedad del conocimiento.* Recuperado de http://www.gestiopolis.com/canales/ derrhh/articulos/29/infodocu.htm

DRA. DAMALIN JUDITH DÍAZ SUÁREZ

Prada, E. *El rol del profesional de la información en la sociedad del conocimiento*. Recuperado de http://pensardenuevo.org/el-profesional-de-la-informacion-y-su-papel-en-la-sociedad-del-conocimiento/

Prada, E. *El profesional de la información y su nuevo rol*. Recuperado de http://www.sociedadelainformacion.com/9/profesional_de_la_informaci.htm

*Quintana, D.A. (2002*). *Las Nuevas Tecnologías de la Información y la Educación de Bibliotecarios Profesionales: Un nuevo modelo curricular basado en la percepción de los egresados y su patrono referente al programa graduado en administración de Bibliotecas Públicas Escolares de la Escuela de Educación de la Universidad del Turabo*. Universidad de Puerto Rico. (Doctoral Dissertations). Proquest Dissertations and Theses database (UMI No. 3170720).

Rabello, (1987). *Da biblioteca pública à biblioteca popular*. Recuperado de http://professorjonathascarvalho.blogspot.com/2009/06/biblioteca-comunitaria-ou-popular-qual.html

Rabello, (2010). *Propuesta de una política para la gestión de los recursos humanos de nuevas incorporación en las bibliotecas públicas*. Recuperado de http://www.gestiopolis.com/organizacion-talento-2/propuesta-politica-gestion-recursos-html

Raseroka, K. (2004). Discurso inaugural del 70 Congreso General y Consejo de la IFLA: *"Bibliotecas: Instrumentos para la Educación y el Desarrollo"*. Buenos Aires, Argentina. Recuperado de http://www.documentalistas.com/web/ifla2004/modules.php?name=News&file=article &sido=6

Revista electrónica. *Investigación*. (4ta ed.). Recuperado de http://www.gestiopolis.com/recursos5/docs/eco/alfaben.html.

Rey, C. & Vidal C. (2003). *Manual de Directrices y Política sobre Tecnología para el Departamento de Educación de Puerto Rico*. San Juan, Puerto Rico: Departamento de Educación.

Rivas, J. (2003). *La gerencia de la información en el caso de los archivos.* Recuperado de http://www.foroebci.ucr.ac.cr/archivos/Resumenes/resumen7.pdf.

Roblyer, M. D. y Edwards, J. (2000). *Integrating educational technology into teaching.* Upper Saddle River, NJ: Prentice Hall.

Rodríguez, K. *El profesional en bibliotecología y documentación: habilidades y competencias.* Recuperado de http://cuib.unam.mx/publicaciones/8/perfil_bibliotecologo_iberoamerica_KARLA_RODRIGUEZ_SALAS.html

Rodríguez, S.A. (2006). *Las bibliotecas virtuales.* Coloquio Universitario. Biblioteca Universidad de Puerto Rico. Recuperado de http://www.biblioteca.uprh.edu/coloquio_universitario

Rojo, N. (2002). *La investigación cualitativa. Aplicaciones en Salud.* Bayarre La Habana.

Sánchez Ruipérez. (2001). *Las bibliotecas públicas en España: Una realidad abierta.* Madrid: Fundación Germán.

Sanz, E. (1994). *Manual de estudios de usuarios.* Biblioteca del Libro, No 62. Madrid: Pirámide

Seidman, I. (2006). *Interviewing as qualitative research: A guide for researchers in education and the social sciences* (3rd ed.). New York: Teachers College Press.

Stake, R. E. (1995). The *art of case study research.* Thousand Oaks, CA: Sage Publications.

Suárez, C. (2010). *Visión Sociocultural del uso de la tecnología en educación.* Seminario de capacitación. Plan Ciebal _ CITS. Recuperado de http:/www.slideshare.net/cristobalsuarez/presentaciones

UNESCO. (1994). *Manifiesto de la Unesco sobre la Biblioteca Pública.* Recuperado de http://www.fundaciongsr.es/documentos/frames.ht. *White House Conference on Library and Information Services.* (July 9-13, 1991). Discussion

Papers. ED 337 189. Recuperado de http://www.eric.ed.gov/ERICDocs/data/ericdocs2sql/content_storage_01/0000019b/80/23/30/03.pdf

Zubero, I. (2003). Participación *y democracia ante las nuevas tecnologías. Retos políticos de la Sociedad de la Información*. Telos: Cuadernos de Comunicación, Tecnología y Sociedad.

# PRIMER DIRECTORIO DE LAS BIBLIOTECAS PÚBLICAS, MUNICIPALES Y COMUNITARIAS DE LOS 78 MUNICIPIOS DE PUERTO RICO

Dra. Damalin Judith Díaz Suárez

Toda Biblioteca debe "… ser no sólo el laboratorio en que el investigador encuentre los elementos que requiere su faena cotidiana, sino, y sobre todo, centro difusor de la cultura capaz de cooperar en la elevación del nivel intelectual de nuestro medio…"
(Luis Gallo Porras)

# ÍNDICE DE CONTENIDO

## MUNICIPIOS

DRA. DAMALIN JUDITH DÍAZ SUÁREZ

# INTRODUCCIÓN

Más que un servicio, los directorios brindan soluciones que garantizan al usuario la disponibilidad y seguridad de encontrar respuestas a sus necesidades de información personal, educativa, empresarial y comercial. El contenido de este directorio presenta información personalizada y ordenada de las bibliotecas de los 78 municipios de Puerto Rico.

Este directorio ha sido creado con la finalidad de proporcionar a los usuarios un método más accesible de consulta y búsqueda de información. Aquí podrás encontrar información útil y básica sobre las bibliotecas de los 78 municipios de Puerto Rico en orden alfabético con información sobre:

Identificación de la biblioteca
(Públicas, Municipales y Comunitarias)
Nombre de la persona encargada
Dirección postal
Dirección física
Horario de servicios
Teléfonos
Correos electrónicos

# PUERTO RICO Y SUS 78 MUNICIPIOS

Puerto Rico está dividido administrativamente en setenta y ocho (78) municipios y sus áreas son norte, sur, este, oeste y centro. Los municipios que componen a Puerto Rico son:

| | | |
|---|---|---|
| Adjuntas | Fajardo | Naguabo |
| Aguada | Florida | Naranjito |
| Aguadilla | Guaníca | Orocovis |
| Aguas Buenas | Guayama | Patillas |
| Aibonito | Guayanilla | Peñuelas |
| Añasco | Guaynabo | Ponce |
| Arecibo | Gurabo | Quebradillas |
| Arroyo | Hatillo | Rincón |
| Barceloneta | Hormigueros | Río Grande |
| Barranquitas | Humacao | Sábana Grande |
| Bayamón | Isabela | Salinas |
| Cabo Rojo | Jayuya | San Germán |
| Caguas | Juana Díaz | San Juan |
| Camuy | Juncos | San Lorenzo |
| Canóvanas | Lajas | San Sebastián |
| Carolina | Lares | Santa Isabel |
| Cataño | Las Marías | Toa Alta |
| Cayey | Las Piedras | Toa Baja |
| Ceiba | Loíza | Trujillo Alto |
| Ciales | Luquillo | Utuado |
| Cidra | Manatí | Vega Alta |
| Coamo | Maricao | Vega Baja |
| Comerío | Maunabo | Vieques |
| Corozal | Mayagüez | Villalba |
| Culebra | Moca | Yabucoa |
| Dorado | Morovis | Yauco |

# ADJUNTAS

## IDENTIFICACIÓN DE LA BIBLIOTECA
Biblioteca Municipal Jaime L. Drew

## PERSONA ENCARGADA
Sr. Rafael Mirabal Linares

## DIRECCIÓN FÍSICA
Calle César González #2

Adjuntas, Puerto Rico 00601

## DIRECCIÓN POSTAL
P O Box 1009

Adjuntas, Puerto Rico 00601

## TELÉFONO DE LA BIBLIOTECA Y/O MUNICIPIO
787- 829-5039

## HORARIO DE SERVICIO
Lunes a Jueves:8:00 a.m. - 8:00 p.m.

Viernes:8:00 a.m. - 4:30 p.m.

Sábados: 10:00 a.m. - 1:30 p.m.

## CORREOS ELECTRÓNICOS
bibliotecaadjuntas@yahoo.com

bibliotecajaimeldrew@yahoo.com

# AGUADA

## IDENTIFICACIÓN DE LA BIBLIOTECA
Biblioteca Municipal José Vasconcelos

## PERSONA ENCARGADA
Sra. María Lorenzo

## DIRECCIÓN FÍSICA
Calle Colón #159

Aguada PR 00602

## DIRECCIÓN POSTAL
P. O Box 517

Aguada, PR 00602

## TELÉFONO DE LA BIBLIOTECA Y/O MUNICIPIO
787-868-0315

## HORARIO DE SERVICIO
Lunes a Viernes:8:00 a.m. - 4:30 p.m.

## CORREOS ELECTRÓNICOS
aguadabpm@yahoo.com

programapaec@yahoo.com

DRA. DAMALIN JUDITH DÍAZ SUÁREZ

# Bibliotecas Satélites del Municipio de Aguada

**IDENTIFICACIÓN DE LA BIBLIOTECA**

Centro Cibernético Tomás Bonilla (Satélite)

**PERSONA ENCARGADA**

Sra. María Lorenzo

**DIRECCIÓN FÍSICA**

Bo. Cerró Gordo

Sector Los García

Carretera 417, Km. 0.3 Interior

Aguada PR 00602

**DIRECCIÓN POSTAL**

P. O Box 517

Aguada, PR 00602

**TELÉFONO DE LA BIBLIOTECA Y/O MUNICIPIO**

787-252-4780

**HORARIO DE SERVICIO**

Lunes a Viernes:3:30 pm - 7:30 pm

**CORREOS ELECTRÓNICOS**

aguadabpm@yahoo.com

programapaec@yahoo.com

# AGUADILLA

**IDENTIFICACIÓN DE LA BIBLIOTECA**
Biblioteca Pública Ana Roque de Duprey

**PERSONA ENCARGADA**
Sra. Swinda Badillo Yulfo

**DIRECCIÓN FÍSICA**
Calle Agustín Stahl #20
Edificio Aduana
Aguadilla, PR 00603

**DIRECCIÓN POSTAL**
P. O Box 1008
Aguadilla, PR 00605-1008

**TELÉFONO DE LA BIBLIOTECA Y/O MUNICIPIO**
787-891-0685
787-997-3040 (Fax)

**HORARIO DE SERVICIO**
Lunes a Viernes:10:00 a.m. - 12:00 m.
1:00 p.m. 6:00 p.m.

**CORREOS ELECTRÓNICOS**
bpardaguadilla@yahoo.com
anaroquebiblioteca@gmail.com
zwindabadillo@yahoo.com

DRA. DAMALIN JUDITH DÍAZ SUÁREZ

# Bibliotecas Satélites del Municipio de Aguadilla

**IDENTIFICACIÓN DE LA BIBLIOTECA**

Biblioteca Electrónica San Antonio (Satélite)

**PERSONA ENCARGADA**

Sra. Mari Carmen Rosa

**DIRECCIÓN FÍSICA**

Barrio San Antonio

Aguadilla, PR 00605

**DIRECCIÓN POSTAL**

P. O Box 1008

Aguadilla, PR 00605-1008

**TELÉFONO DE LA BIBLIOTECA Y/O MUNICIPIO**

787-891-0685

**HORARIO DE SERVICIO**

Lunes a Viernes:8:00 a.m. - 4:30 p.m.

**CORREOS ELECTRÓNICOS**

biblioteca.sanantonio@gmail.com

## IDENTIFICACIÓN DE LA BIBLIOTECA

Biblioteca Concepción Guerrero (Satélite)

## PERSONA ENCARGADA

Sr. Carlos Hiraldo Huertas

## DIRECCIÓN FÍSICA

Edificio Aduana

Aguadilla, PR 00605

## DIRECCIÓN POSTAL

P. O Box 1008

Aguadilla, PR 00605-1008

## TELÉFONO DE LA BIBLIOTECA Y/O MUNICIPIO

787-891-0685

## HORARIO DE SERVICIO

Lunes a Viernes:8:00 a.m. - 4:30 p.m.

## CORREOS ELECTRÓNICOS

m.reyes@ac.gobierno.pr

DRA. DAMALIN JUDITH DÍAZ SUÁREZ

# AGUAS BUENAS

**IDENTIFICACIÓN DE LA BIBLIOTECA**
Biblioteca Electrónica Municipal
**PERSONA ENCARGADA**
Sra. Ninoshka Ramos Rivera
**DIRECCIÓN FÍSICA**
Calle Antonio López, #39, Bajos
Aguas Buenas, PR 00703
**DIRECCIÓN POSTAL**
P. O Box 128
Aguas Buenas, PR 00703-0128
**TELÉFONO DE LA BIBLIOTECA Y/O MUNICIPIO**
787-732-4418
787-732-2004
**HORARIO DE SERVICIO**
Lunes a Viernes:8:00 a.m. - 4:30 p.m.
**CORREOS ELECTRÓNICOS**
bmeaguasbuenas@gmail.com

# AIBONITO

## IDENTIFICACIÓN DE LA BIBLIOTECA
Biblioteca Municipal de Aibonito

## PERSONA ENCARGADA
Sra. Sandra E. Rivera

## DIRECCIÓN FÍSICA
Calle Jerónimo Martínez Final

Int. Con la calle Ignacio López

Aibonito, PR 00705

## DIRECCIÓN POSTAL
P. O Box 2004

Aibonito, PR 00705-2004

## TELÉFONO DE LA BIBLIOTECA Y/O MUNICIPIO
787-878-1178

## HORARIO DE SERVICIO
Lunes a Viernes:8:00a.m.-4:30 p.m.

## CORREOS ELECTRÓNICOS
aibonitoprensa@gmail.com

DRA. DAMALIN JUDITH DÍAZ SUÁREZ

# AÑASCO

**IDENTIFICACIÓN DE LA BIBLIOTECA**

Biblioteca Pública de Añasco

**PERSONA ENCARGADA**

Sra. Wanda Cortes

**DIRECCIÓN FÍSICA**

Calle Pedro Albizu Campos #34

Al lado de la Plaza de Recreo)

Añasco, PR 00610

**DIRECCIÓN POSTAL**

P O Box 1385

Añasco, PR 00610-1385

**TELÉFONO DE LA BIBLIOTECA Y/O MUNICIPIO**

787-826-2127

**HORARIO DE SERVICIO**

Lunes a Viernes: 8:30 a.m. - 5:00 p.m.

**CORREOS ELECTRÓNICOS**

bpañasco@gmail.com

# ARECIBO

## IDENTIFICACIÓN DE LA BIBLIOTECA
Biblioteca Municipal de Arecibo
## PERSONA ENCARGADA
Sra. Arisabel Maldonado
## DIRECCIÓN FÍSICA
Ave. Santiago Iglesias Pantín #210

Arecibo, PR 00613
## DIRECCIÓN POSTAL
P. O Box 1086

Arecibo, PR 00613-1086
## TELÉFONO DE LA BIBLIOTECA Y/O MUNICIPIO
787-878-1178

787-817-1005
## HORARIO DE SERVICIO
Lunes a Viernes:8:00 a.m. - 4:30 p.m.
## CORREOS ELECTRÓNICOS
arecibobm@yahoo.com

# ARROYO

**IDENTIFICACIÓN DE LA BIBLIOTECA**
Biblioteca Pública de Arroyo
**PERSONA ENCARGADA**
Cerrada
Para información
Sra. Liz Sánchez-Ayudante del alcalde
**DIRECCIÓN FÍSICA**
Calle Virgilio Sánchez
Esq. Muñoz Rivera
Arroyo, PR 00714
**DIRECCIÓN POSTAL**
P. O Box 0477
Arroyo, PR 00714-0477
**TELÉFONO DE LA BIBLIOTECA Y/O MUNICIPIO**
787-839-3500 (Municipio)
**HORARIO DE SERVICIO**
Lunes a Viernes:8:00 a.m. - 4:30 p.m.
**CORREOS ELECTRÓNICOS**
municipioarroyo@yahoo.com
oficinaalcaldearroyo@yahoo.com

# BARCELONETA

## IDENTIFICACIÓN DE LA BIBLIOTECA
Biblioteca Municipal & Electrónica Sixto Escobar

## PERSONA ENCARGADA
Sra. Leticia Rodríguez

## DIRECCIÓN FÍSICA
Avenida Sixto Escobar I

Barceloneta, PR 00617

## DIRECCIÓN POSTAL
P O Box 2049

Barceloneta, PR 00617-2049

## TELÉFONO DE LA BIBLIOTECA Y/O MUNICIPIO
787-846-3600

787-846-7056

## HORARIO DE SERVICIO
Lunes a Jueves: 8:00 a.m. - 7:00 p.m.

Viernes y Sábados: 8:00 a.m. - 4:00 p.m.

## CORREOS ELECTRÓNICOS
bmbarceloneta@gmail.com

bibliotecalectronica_se@yahoo.com

# BARRANQUITAS

**IDENTIFICACIÓN DE LA BIBLIOTECA**
Biblioteca Municipal de Barranquitas
**PERSONA ENCARGADA**
Sra. Alicia Padilla
**DIRECCIÓN FÍSICA**
Calle Susano Maldonado
Barranquitas, PR 00794
**DIRECCIÓN POSTAL**
Apartado 250
Barranquitas, PR 00794
**TELÉFONO DE LA BIBLIOTECA Y/O MUNICIPIO**
787-857-6661
787-857-3810
**HORARIO DE SERVICIO**
Lunes a Viernes:8:00 a.m. - 4:30 p.m.
**CORREOS ELECTRÓNICOS**
bmunicipalbarranquitas@hotmail.com
barranquitas8@hotmail.com

# BAYAMÓN

## IDENTIFICACIÓN DE LA BIBLIOTECA
Biblioteca Municipal Dra. Pilar Barbosa
## PERSONA ENCARGADA
Sra. Gladys Gallardo
## DIRECCIÓN FÍSICA
Carretera 167 Calle del Parque Esq. Degetau

Nuevo Centro de Gobierno

Al lado de la Escuela Superior Agustín Stahl

Bayamón, PR 00960
## DIRECCIÓN POSTAL
P O Box 1588

Bayamón, PR 00960
## TELÉFONO DE LA BIBLIOTECA Y/O MUNICIPIO
787-787-5161

787-785-2763 (Fax)
## HORARIO DE SERVICIO
Lunes a Jueves: 8:00 a.m. - 9:00 p.m.

Viernes:8:00 a.m. - 5:00 p.m.

Sábados:9:00 a.m. - 5:00 p.m.
## CORREOS ELECTRÓNICOS
Gg1115@yahoo.com/bmbayamon@yahoo.com

http://www.municipiobayamon.com

## Bibliotecas Satélites del Municipio de Bayamón

**IDENTIFICACIÓN DE LA BIBLIOTECA**

Centro de Educación Digital Dajaos (Satélite)

**PERSONA ENCARGADA**

Sra. Gladys Gallardo

**DIRECCIÓN FÍSICA**

Carretera #812, K.m. 3.5

Bo. Dajaos

Bayamón, Puerto Rico 00960

**DIRECCIÓN POSTAL**

P O Box 1588

Bayamón, PR 00960

**TELÉFONO DE LA BIBLIOTECA Y/O MUNICIPIO**

787-730-3760

**HORARIO DE SERVICIO**

Lunes a Viernes: 3:00 p.m. - 7:00 p.m.

**CORREOS ELECTRÓNICOS**

Gg1115@yahoo.com

bmbayamon@yahoo.com

http://www.municipiobayamon.com

## IDENTIFICACIÓN DE LA BIBLIOTECA

Centro de Educación Digital La Morenita (Satélite)

## PERSONA ENCARGADA

Sra. Gladys Gallardo

## DIRECCIÓN FÍSICA

Carretera 174, Sector La Morenita

Bo. Guaragua Abajo

Bayamón, PR 00960

## DIRECCIÓN POSTAL

P O Box 1588

Bayamón, PR 00960

## TELÉFONO DE LA BIBLIOTECA Y/O MUNICIPIO

787-995-6379

## HORARIO DE SERVICIO

Lunes a Viernes: 8:00 a.m. - 4:30 p.m.

## CORREOS ELECTRÓNICOS

Gg1115@yahoo.com

bmbayamon@yahoo.com

http://www.municipiobayamon.com

**IDENTIFICACIÓN DE LA BIBLIOTECA**

Centro de Educación Digital Barrio Nuevo (Satélite)

**PERSONA ENCARGADA**

Sra. Gladys Gallardo

**DIRECCIÓN FÍSICA**

Carretera 816, K.m. 6.1

Barrio Nuevo

Bayamón, PR 00960

**DIRECCIÓN POSTAL**

P O Box 1588

Bayamón, PR 00960

**TELÉFONO DE LA BIBLIOTECA Y/O MUNICIPIO**

787-799-8075

**HORARIO DE SERVICIO**

Lunes a Viernes: 3:00 p.m. - 7:00 p.m.

**CORREOS ELECTRÓNICOS**

Gg1115@yahoo.com

bmbayamon@yahoo.com

http://www.municipiobayamon.com

# CABO ROJO

**IDENTIFICACIÓN DE LA BIBLIOTECA**

Biblioteca Pública de Cabo Rojo

**PERSONA ENCARGADA**

Sra. Mari Vélez Rivera

**DIRECCIÓN FÍSICA**

Complejo Deportivo

Rebekah Colber

Carretera 312

Cabo Rojo, PR 00623

**DIRECCIÓN POSTAL**

P O Box 1308

Cabo Rojo, PR 00623

**TELÉFONO DE LA BIBLIOTECA Y/O MUNICIPIO**

787-255-1560

**HORARIO DE SERVICIO**

Lunes a Viernes:8:00 a.m. - 4:30 p.m.

**CORREOS ELECTRÓNICOS**

bpublicacaborojo@gmail.com

# CAGUAS

**IDENTIFICACIÓN DE LA BIBLIOTECA**

Biblioteca Municipal Pedro Albizu Campos

**PERSONA ENCARGADA**

Sra. Idalia Díaz Colón

**DIRECCIÓN FÍSICA**

Calle Padial #38

Caguas, Puerto Rico 00725

**DIRECCIÓN POSTAL**

P O Box 7889

Caguas, Puerto Rico 00726-7889

Calle Padial #38

Caguas, Puerto Rico 00725

**TELÉFONO DE LA BIBLIOTECA Y/O MUNICIPIO**

787-743-5048

Fax. 787-746-4275

**HORARIO DE SERVICIO**

Lunes a Jueves:8:00 a.m. - 6:30 p.m.

Viernes: 8:00 a.m. - 4:00 p.m.

**CORREOS ELECTRÓNICOS**

bpublica@hotmail.com/cedupalbizu@caguas.edu

Website: http://www.caguas.gov.pr

# Bibliotecas Satélites del Municipio de Caguas

**IDENTIFICACIÓN DE LA BIBLIOTECA**

Centro Neurodigital Criollo (Satélite)

**PERSONA ENCARGADA**

Sra. Idalia Díaz Colón

**DIRECCIÓN FÍSICA**

Urb. Mariolga

Ave. Muñoz Marín

Caguas, Puerto Rico 00726

**DIRECCIÓN POSTAL**

P O Box 7889

Caguas, Puerto Rico 00726-7889

**TELÉFONO DE LA BIBLIOTECA Y/O MUNICIPIO**

787-744-8808

787-744-0090

Fax. 787-746-4275

**HORARIO DE SERVICIO**

Lunes a Viernes: 7:00 a.m. - 7:30 p.m.

Sábado: 8:00 a.m. - 12:00m

**CORREOS ELECTRÓNICOS**

bpublica@hotmail.com/ cedupalbizu@caguas.edu

http://www.caguas.gov.pr

DRA. DAMALIN JUDITH DÍAZ SUÁREZ

# CAMUY

**IDENTIFICACIÓN DE LA BIBLIOTECA**

Biblioteca Pública de Camuy

**PERSONA ENCARGADA**

Sra. Daisy Rodríguez

**DIRECCIÓN FÍSICA**

Calle Amador

Esq. Cabán

Altos Centro Cultural

Camuy, Puerto Rico 00627

**DIRECCIÓN POSTAL**

P O Box 539

Camuy, Puerto Rico 00627

**TELÉFONO DE LA BIBLIOTECA Y/O MUNICIPIO**

787-898-2280

**HORARIO DE SERVICIO**

Lunes a Viernes: 8:00 a.m. - 4:30 p.m.

**CORREOS ELECTRÓNICOS**

rodriguezdaisy1989@gmail.com

bpcamuy@gmail.com

# CANÓVANAS

**IDENTIFICACIÓN DE LA BIBLIOTECA**
Biblioteca Municipal de Canóvanas
**PERSONA ENCARGADA**
Sra. Ruth N. García
**DIRECCIÓN FÍSICA**
Calle 12
Barrio La Central
Canóvanas, Puerto Rico 00729
**DIRECCIÓN POSTAL**
P O Box 1612
Canóvanas, Puerto Rico 00729
**TELÉFONO DE LA BIBLIOTECA Y/O MUNICIPIO**
787-256-2840
787-876-2329
**HORARIO DE SERVICIO**
Lunes a Viernes:8:00 a.m. - 4:30 p.m.
**CORREOS ELECTRÓNICOS**
biblioteca_lacentral@yahoo.com
Website: http://www.canovanaspr.com

# Bibliotecas Satélites del Municipio de Canóvanas

## IDENTIFICACIÓN DE LA BIBLIOTECA
Biblioteca Campo Rico (Satélite)

## PERSONA ENCARGADA
Sra. Nidia Rodríguez

## DIRECCIÓN FÍSICA
Barrio Campo Rico

Canóvanas, Puerto Rico 00729

## DIRECCIÓN POSTAL
P O Box 1612

Canóvanas, Puerto Rico 00729

## TELÉFONO DE LA BIBLIOTECA Y/O MUNICIPIO
787-876-2329

## HORARIO DE SERVICIO
Lunes a Viernes:8:00 a.m. - 4:30 p.m.

## CORREOS ELECTRÓNICOS
biblioteca_lacentral@yahoo.com

# CAROLINA

**IDENTIFICACIÓN DE LA BIBLIOTECA**
Biblioteca Municipal Dr. Carlos Hernández Rodríguez
8 Satélites
**PERSONA ENCARGADA**
Sra. Azlyn Pérez
**DIRECCIÓN FÍSICA**
Avenida Fernández Juncos #874
(Frente a la Escuela de Bellas Artes)
Carolina, Puerto Rico 00984
**DIRECCIÓN POSTAL**
P O Box 8
Carolina, Puerto Rico 00984-0008
**TELÉFONO DE LA BIBLIOTECA Y/O MUNICIPIO**
787-276-1065
**HORARIO DE SERVICIO**
Lunes a Jueves: 9:00 a.m. - 9:00 p.m.
Viernes: 9:00 a.m. - 6:30 p.m.
Sábados: 9:00 a.m. - 1:00 p.m.
**CORREOS ELECTRÓNICOS**
osibcarolina@gmail.com

# Bibliotecas Satélites del Municipio de Carolina

**IDENTIFICACIÓN DE LA BIBLIOTECA**

Biblioteca Red Gigante. Net (Satélite)

**PERSONA ENCARGADA**

Sra. Azlyn Pérez

**DIRECCIÓN FÍSICA**

Ave. Roberto Clemente

Villa Carolina

Carolina, Puerto Rico 00984

**DIRECCIÓN POSTAL**

P O Box 8

Carolina, Puerto Rico 00984-0008

**TELÉFONO DE LA BIBLIOTECA Y/O MUNICIPIO**

787-276-2785

**HORARIO DE SERVICIO**

Lunes a Jueves: 10:00 a.m. - 9:00 p.m.

Viernes a Domingo:10:00 a.m. - 5:30 p.m.

**CORREOS ELECTRÓNICOS**

redgigante@gmail.com

## IDENTIFICACIÓN DE LA BIBLIOTECA
Biblioteca Red Gigante 2. Net (Satélite)
## PERSONA ENCARGADA
Sra. Azlyn Pérez
## DIRECCIÓN FÍSICA
Centro Cultural de Servicios Múltiples

Bo. Barrazas

Carretera. 8523 Int. 11.4

Carolina, Puerto Rico 00984
## DIRECCIÓN POSTAL
P O Box 8

Carolina, Puerto Rico 00984-0008
## TELÉFONO DE LA BIBLIOTECA Y/O MUNICIPIO
787-276-2785
## HORARIO DE SERVICIO
Lunes a Jueves: 10:00 a.m. - 9:00 p.m.

Viernes:10:00 a.m. - 6:30 p.m.

Sábados:9:00 a.m. - 5:30 p.m.
## CORREOS ELECTRÓNICOS
redgigante2@gmail.com

**IDENTIFICACIÓN DE LA BIBLIOTECA**

Centro Digital Diamantino (Satélite)

**PERSONA ENCARGADA**

Sra. Azlyn Pérez

**DIRECCIÓN FÍSICA**

Avenida Roberto Clemente

Parque Julia de Burgos

Fase II

Carolina, Puerto Rico

**DIRECCIÓN POSTAL**

P O Box 8

Carolina, Puerto Rico 00984-0008

**TELÉFONO DE LA BIBLIOTECA Y/O MUNICIPIO**

787-757-3123

**HORARIO DE SERVICIO**

Lunes a Jueves: 3:00 a.m. - 7:00 p.m.

**CORREOS ELECTRÓNICOS**

centrodigitaldiamantinos@gmail.com

**IDENTIFICACIÓN DE LA BIBLIOTECA**

Biblioteca de la Comunidad Sabana Abajo (Satélite)

**PERSONA ENCARGADA**

Sra. Azlyn Pérez

**DIRECCIÓN FÍSICA**

Carretera 190

Bo. Sabana Abajo

Centro de Servicios Múltiples

Carolina, Puerto Rico

**DIRECCIÓN POSTAL**

P O Box 8

Carolina, Puerto Rico 00984-0008

**TELÉFONO DE LA BIBLIOTECA Y/O MUNICIPIO**

787-776-5015

**HORARIO DE SERVICIO**

Lunes a Jueves: 2:00 p.m. - 7:00 p.m.

**CORREOS ELECTRÓNICOS**

sabajolibrary@gmail.com

**IDENTIFICACIÓN DE LA BIBLIOTECA**

Biblioteca de la Comunidad de Buena Vista (Satélite)

**PERSONA ENCARGADA**

Sra. Azlyn Pérez

**DIRECCIÓN FÍSICA**

Calle Rosales

Esquina Lirios

Barrio Buena Vista

Carolina, Puerto Rico

**DIRECCIÓN POSTAL**

P O Box 8

Carolina, Puerto Rico 00984-0008

**TELÉFONO DE LA BIBLIOTECA Y/O MUNICIPIO**

787-769-3100

**HORARIO DE SERVICIO**

Lunes a Viernes: 2:00 p.m. - 7:00 p.m.

**CORREOS ELECTRÓNICOS**

bibliotecabuenavista@gmail.com

**IDENTIFICACIÓN DE LA BIBLIOTECA**

Comunidad de Trujillo Bajo (Satélite)

**PERSONA ENCARGADA**

Sra. Azlyn Pérez

**DIRECCIÓN FÍSICA**

Carretera 857

Calle Pablo Pizarro

Carolina, Puerto Rico

**DIRECCIÓN POSTAL**

P O Box 8

Carolina, Puerto Rico 00984-0008

**TELÉFONO DE LA BIBLIOTECA Y/O MUNICIPIO**

787-701-1470

**HORARIO DE SERVICIO**

Lunes a Jueves: 2:00 p.m. - 7:00 p.m.

Sábados:12:00 m. - 4:00 p.m.

**CORREOS ELECTRÓNICOS**

bibliotecatrujillobajo@gmail.com

**IDENTIFICACIÓN DE LA BIBLIOTECA**

Biblioteca de la Comunidad Santa Cruz (Satélite)

**PERSONA ENCARGADA**

Sra. Azlyn Pérez

**DIRECCIÓN FÍSICA**

Carretera 859

Km 2.8 Interior

Camino Laurel

Bo. Sta. Cruz

Carolina, Puerto Rico

**DIRECCIÓN POSTAL**

P O Box 8

Carolina, Puerto Rico 00984-0008

**TELÉFONO DE LA BIBLIOTECA Y/O MUNICIPIO**

787-701-1470

**HORARIO DE SERVICIO**

Lunes a Jueves: 2:00 p.m. - 7:00 p.m.

**CORREOS ELECTRÓNICOS**

bibliotecasantacruz@gmail.com

## IDENTIFICACIÓN DE LA BIBLIOTECA

Biblioteca Comunidad Buenaventura (Satélite)

## PERSONA ENCARGADA

Sra. Azlyn Pérez

## DIRECCIÓN FÍSICA

Carretera 857

Calle Pablo Pizarro

Carolina, Puerto Rico

## DIRECCIÓN POSTAL

P O Box 8

Carolina, Puerto Rico 00984-0008

## TELÉFONO DE LA BIBLIOTECA Y/O MUNICIPIO

No tiene

## HORARIO DE SERVICIO

Lunes a Jueves: 2:00 p.m. - 7:00 p.m.

## CORREOS ELECTRÓNICOS

buenaventurabiblioteca@gmail.com

# CATAÑO

**IDENTIFICACIÓN DE LA BIBLIOTECA**
Biblioteca Municipal Alberto Dávila Fuertes

**PERSONA ENCARGADA**
Sra. Eneyda Guzmán-Bibliotecaria
Dra. Carmen Cintrón de Esteves-Directora

**DIRECCIÓN FÍSICA**
Avenida Barbosa
#129
Cataño, Puerto Rico 00963

**DIRECCIÓN POSTAL**
P O Box 428
Cataño, Puerto Rico 00963

**TELÉFONO DE LA BIBLIOTECA Y/O MUNICIPIO**
787-788-0404
Ext. 6667 o 6661
787-788-8887
Fax.
787-788-2600

**HORARIO DE SERVICIO**
Lunes a Viernes: 8:00 a.m. - 4:00 p.m.

**CORREOS ELECTRÓNICOS**
bmadfcatano@yahoo.com/neyguz@yahoo.com

# CAYEY

**IDENTIFICACIÓN DE LA BIBLIOTECA**

Biblioteca Municipal de Cayey

**PERSONA ENCARGADA**

Sra. Elba I. Hernández

**DIRECCIÓN FÍSICA**

Frente a la Casa Alcaldía

Cayey, Puerto Rico 00737

**DIRECCIÓN POSTAL**

P O Box 371330

Cayey, Puerto Rico 00737

**TELÉFONO DE LA BIBLIOTECA Y/O MUNICIPIO**

787-253-0574/787-263-0945

**HORARIO DE SERVICIO**

Lunes a Viernes: 8:00 a.m. - 4:30 p.m.

**CORREOS ELECTRÓNICOS**

bmcayey@yahoo.com

Eduelvita20022002@yahoo.com

# CEIBA

## IDENTIFICACIÓN DE LA BIBLIOTECA
Biblioteca Pública de Ceiba

## PERSONA ENCARGADA
Sra. Rosa Prieto

## DIRECCIÓN FÍSICA
Edificio #1

Centro de Gobierno

Carmelo Dávila Medina

Calle José Trinidad

Ceiba, Puerto Rico 00735

## DIRECCIÓN POSTAL
P O Box 224

Ceiba, Puerto Rico 00735-0224

## TELÉFONO DE LA BIBLIOTECA Y/O MUNICIPIO
787-885-5700

## HORARIO DE SERVICIO
Lunes a Viernes: 8:00 a.m. - 4:30 p.m.

## CORREOS ELECTRÓNICOS
bibliotecapublicaceiba@yahoo.com

# CIALES

**IDENTIFICACIÓN DE LA BIBLIOTECA**

Biblioteca Pública María Isabel Blanco Hidalgo

**PERSONA ENCARGADA**

Sra. María D. Montijo Rodríguez

**DIRECCIÓN FÍSICA**

Calle Cabalines #1

Carretera #149

Ciales, Puerto Rico 00638

**DIRECCIÓN POSTAL**

P O Box 1408

Ciales, Puerto Rico 00638-1408

**TELÉFONO DE LA BIBLIOTECA Y/O MUNICIPIO**

787-871-3500 (Municipio)

787-871-4075 (Biblioteca)

**HORARIO DE SERVICIO**

Lunes a Viernes: 8:00 a.m. - 8:30 p.m.

Sábados: 8:00 a.m. - 4:00 p.m.

**CORREOS ELECTRÓNICOS**

bibliotecapublicaciales@yahoo.com

DRA. DAMALIN JUDITH DÍAZ SUÁREZ

# CIDRA

**IDENTIFICACIÓN DE LA BIBLIOTECA**

Biblioteca Electrónica Municipal

**PERSONA ENCARGADA**

Sr. Juan R. Colon Vega

**DIRECCIÓN FÍSICA**

Carretera 729 K.m. 06

Estadio Municipal Jesús M. Freire

Cidra, Puerto Rico 00739

**DIRECCIÓN POSTAL**

P O Box 729

Cidra, Puerto Rico 00739-0729

**TELÉFONO DE LA BIBLIOTECA Y/O MUNICIPIO**

787-739-7630

**HORARIO DE SERVICIO**

Lunes a Jueves: 8:00 a.m. - 8:00 p.m.

Viernes: 8:00 a.m. a - 7:00 p.m.

**CORREOS ELECTRÓNICOS**

bemcidra@yahoo.com

# Bibliotecas Satélites del Municipio de Cidra

**IDENTIFICACIÓN DE LA BIBLIOTECA**

Biblioteca Municipal Satélite Santa Clara

**PERSONA ENCARGADA**

Sr. Juan R. Colon Vega

**DIRECCIÓN FÍSICA**

Bo. Arenas

Sector Santa Clara Interior

Carretera 734 K.m. 1.4

Antiguo Centro Comunal

Cidra, Puerto Rico 00739

**DIRECCIÓN POSTAL**

P O Box 729

Cidra, Puerto Rico 00739-0729

**TELÉFONO DE LA BIBLIOTECA Y/O MUNICIPIO**

787-739-7630

**HORARIO DE SERVICIO**

Lunes a Jueves: 3:00 p.m. - 7:00 p.m.

**CORREOS ELECTRÓNICOS**

bemcidra@yahoo.com

DRA. DAMALIN JUDITH DÍAZ SUÁREZ

## IDENTIFICACIÓN DE LA BIBLIOTECA

Biblioteca Municipal Satélite Bayamón

## PERSONA ENCARGADA

Sr. Juan R. Colon Vega

## DIRECCIÓN FÍSICA

Bo. Bayamón

Parcelas Juan del Valle, Interior

Parque Carretera 787

Cidra, Puerto Rico 00739

## DIRECCIÓN POSTAL

P O Box 729

Cidra, Puerto Rico 00739-0729

## TELÉFONO DE LA BIBLIOTECA Y/O MUNICIPIO

787-714-2475

## HORARIO DE SERVICIO

Lunes a Jueves: 3:00 p.m. - 7:00 p.m.

## CORREOS ELECTRÓNICOS

bemcidra@yahoo.com

# COAMO

**IDENTIFICACIÓN DE LA BIBLIOTECA**

Biblioteca Municipal de Coamo

**PERSONA ENCARGADA**

Sra. Sandra Rivera

**DIRECCIÓN FÍSICA**

Calle José Quintón

Esquina Ramón Power

Coamo, Puerto Rico 00769

**DIRECCIÓN POSTAL**

P O Box 1875

Coamo, Puerto Rico 00769

**TELÉFONO DE LA BIBLIOTECA Y/O MUNICIPIO**

787-825-1632

787-825-6502 (Fax)

**HORARIO DE SERVICIO**

Lunes a Viernes:8:00 a.m. - 4:30 p.m.

**CORREOS ELECTRÓNICOS**

bibliotecacoamo@yahoo.com

www.coamo.puertorico.pr

# COMERIO

**IDENTIFICACIÓN DE LA BIBLIOTECA**

Biblioteca Pública de Comerio

Satélite

Centro Cibernético Laura Arroyo Torres

**PERSONA ENCARGADA**

Sra. Nayda Nieves Reyes

**DIRECCIÓN FÍSICA**

Calle José de Diego, #7

Comerio, Puerto Rico 00782

**DIRECCIÓN POSTAL**

P O Box 1108

Comerio, Puerto Rico 00782-1108

**TELÉFONO DE LA BIBLIOTECA Y/O MUNICIPIO**

787-875-3445 (Municipio)

787-875-1082

**HORARIO DE SERVICIO**

Lunes a Jueves: 9:00 a.m. - 8:00 p.m.

Viernes: 9:00 a.m. - 5:00 p.m.

Sábados: 9:00 a.m. - 1:00 p.m.

Domingos: 11:00 a.m. - 3:00 p.m.

**CORREOS ELECTRÓNICOS**

comerio@br.inter.edu/nayda_nieves@msn.com

# COROZAL

## IDENTIFICACIÓN DE LA BIBLIOTECA
Biblioteca Pública Corozal

## PERSONA ENCARGADA
Sra. Edna Rosario

## DIRECCIÓN FÍSICA
Calle Marina #9

Corozal, Puerto Rico 00787

## DIRECCIÓN POSTAL
#9 Calle Cervantes

Corozal, Puerto Rico 00787

## TELÉFONO DE LA BIBLIOTECA Y/O MUNICIPIO
787-859-2714

787859-2268

## HORARIO DE SERVICIO
Lunes a Viernes: 8:00 a.m. - 4:30 p.m.

## CORREOS ELECTRÓNICOS
bibliotecapublicacorozal@yahoo.com

# CULEBRA

**IDENTIFICACIÓN DE LA BIBLIOTECA**

Biblioteca de la Comunidad de Culebra

**PERSONA ENCARGADA**

Sra. Nadeen DeCicco

**DIRECCIÓN FÍSICA**

Playa Sardina II

Culebra, Puerto Rico 00775

**DIRECCIÓN POSTAL**

P O Box 840

Culebra, Puerto Rico 00775-0840

**TELÉFONO DE LA BIBLIOTECA Y/O MUNICIPIO**

787-309-9306

**HORARIO DE SERVICIO**

Lunes a Sábados: 10:00 a.m. -2:00 p.m.

**CORREOS ELECTRÓNICOS**

lanovis66@gmail.com

# DORADO

## IDENTIFICACIÓN DE LA BIBLIOTECA
Biblioteca Comunitaria de Dorado

## PERSONA ENCARGADA
Sra. Anne Chevako

Co-administradora

## DIRECCIÓN FÍSICA
Calle Méndez Vigo #331

Dorado, Puerto Rico 00646

## DIRECCIÓN POSTAL
P O Box 609

Dorado, Puerto Rico 00646-0588

## TELÉFONO DE LA BIBLIOTECA Y/O MUNICIPIO
787-796-3675

787-796-1227

## HORARIO DE SERVICIO
Lunes a Jueves: 9:00 a.m. - 6:00 p.m.

Viernes y Sábados:9:00 a.m. - 4:30 p.m.

## CORREOS ELECTRÓNICOS
director@jsdcl.org

grants@jsdcl.org

jstcl@coqui.net/www.jsdcl.org

# FAJARDO

**IDENTIFICACIÓN DE LA BIBLIOTECA**

Biblioteca Pública de Fajardo

**PERSONA ENCARGADA**

Sra. Ada Mercado

**DIRECCIÓN FÍSICA**

Calle Iglesias

Esquina Garrido Morales

Fajardo, Puerto Rico 00738

**DIRECCIÓN POSTAL**

P O Box 865

Fajardo, Puerto Rico 00738-0865

**TELÉFONO DE LA BIBLIOTECA Y/O MUNICIPIO**

787-863-2768

787-863-4013

**HORARIO DE SERVICIO**

Lunes a Viernes: 8:00 a.m. - 4:30 p.m.

**CORREOS ELECTRÓNICOS**

adametor@yahoo.com

# FLORIDA

## IDENTIFICACIÓN DE LA BIBLIOTECA
Biblioteca Municipal de Florida
## PERSONA ENCARGADA
Sra. Carmen Álvarez
## DIRECCIÓN FÍSICA
Calle Muñoz Rivera #65

Detrás Casa Alcaldía

Florida, Puerto Rico 00650
## DIRECCIÓN POSTAL
P O Box 1168

Florida, Puerto Rico 00650-1168
## TELÉFONO DE LA BIBLIOTECA Y/O MUNICIPIO
787-822-2600

Ext. 235

787-822-2331
## HORARIO DE SERVICIO
Lunes a Viernes: 8:00 a.m. - 6:30 p.m.

Sábados:9:00 a.m. - 4:00 p.m.
## CORREOS ELECTRÓNICOS
bibliotecaflorida09@yahoo.com

municipioflorida@yahoo.com

DRA. DAMALIN JUDITH DÍAZ SUÁREZ

# GUÁNICA

## IDENTIFICACIÓN DE LA BIBLIOTECA
Biblioteca Pública de Guaníca
## PERSONA ENCARGADA
Sra. Nelly Padro
## DIRECCIÓN FÍSICA
Calle 23 de marzo #49

Guaníca, PR 00653
## DIRECCIÓN POSTAL
P. O. Box 785

Guaníca, PR 00653-0785
## TELÉFONO DE LA BIBLIOTECA Y/O MUNICIPIO
787-821-1002

787-821-2777
## HORARIO DE SERVICIO
Lunes a Viernes: 8:00 a.m. -4:30 p.m.
## CORREOS ELECTRÓNICOS
bpguanica@yahoo.com

fany120@hotmail.com

# GUAYAMA

## IDENTIFICACIÓN DE LA BIBLIOTECA
Biblioteca Pública de Guayama

Tiene dos satélites:

Barrio Blondet

Barrio Puentes de Jobos

## PERSONA ENCARGADA
Municipio de Guayama

## DIRECCIÓN FÍSICA
Calle Ashford

Esquina Vicente Palés

Guayama, Puerto Rico 00785

## DIRECCIÓN POSTAL
P O Box 2580

Guayama, Puerto Rico 00785-2580

## TELÉFONO DE LA BIBLIOTECA Y/O MUNICIPIO
787-864-0600

Ext. 2580

## HORARIO DE SERVICIO
Lunes a Jueves: 8:00 a.m. - 6:00 p.m.

Viernes y Sábados: 8:00 a.m. - 4:30 p.m.

## CORREOS ELECTRÓNICOS
bibliotecapublicagma@gmail.com

DRA. DAMALIN JUDITH DÍAZ SUÁREZ

# GUAYANILLA

**IDENTIFICACIÓN DE LA BIBLIOTECA**

Biblioteca Pública de Guayanilla

**PERSONA ENCARGADA**

Sr. Harry Vázquez

**DIRECCIÓN FÍSICA**

Carretera Estatal #127

Esquina José Celso Barbosa

Guayanilla, Puerto Rico 00656

**DIRECCIÓN POSTAL**

P O Box 560550

Guayanilla, Puerto Rico 00656-0560

**TELÉFONO DE LA BIBLIOTECA Y/O MUNICIPIO**

787-835-3100

787-835-0260

**HORARIO DE SERVICIO**

Lunes a Viernes: 8:00 a.m. - 4:30 p.m.

**CORREOS ELECTRÓNICOS**

bibliotecaguayanilla@gmail.com

# GUAYNABO

## IDENTIFICACIÓN DE LA BIBLIOTECA
Biblioteca Pública Juan Domingo Encarnación de Guaynabo

## PERSONA ENCARGADA
Sra. Monserrate Machuca

## DIRECCIÓN FÍSICA
Antigua Casa Alcaldía

Frente a la Plaza Pública

Guaynabo, Puerto Rico 00970

## DIRECCIÓN POSTAL
P O Box 7885

Guaynabo, Puerto Rico 00970-7889

## TELÉFONO DE LA BIBLIOTECA Y/O MUNICIPIO
787-720-4040

Ext. 6506

787-720-8903

## HORARIO DE SERVICIO
Lunes a Viernes: 8:00 a.m. - 4:00 p.m.

## CORREOS ELECTRÓNICOS
juandomingoencarnacion@pr.org

http://www.guaynabocity.gov

# GURABO

**IDENTIFICACIÓN DE LA BIBLIOTECA**
Biblioteca Pública José Emilio González
**PERSONA ENCARGADA**
Sra. Rosa M. Matos Rosario
**DIRECCIÓN FÍSICA**
Carretera #189
Esquina Matadero
Gurabo, Puerto Rico 00778
**DIRECCIÓN POSTAL**
P O Box 3020
Gurabo, Puerto Rico 00778-3020
**TELÉFONO DE LA BIBLIOTECA Y/O MUNICIPIO**
787-737-6000/787-737-2551
Fax
787-737-0600
**HORARIO DE SERVICIO**
Lunes a Jueves: 8:00 a.m. - 6:00 p.m.
Viernes: 8:00 a.m. - 4:30 p.m.
Sábados: 9:00 a.m. - 1:00 p.m.
**CORREOS ELECTRÓNICOS**
bpjegurabo@yahoo.com

# HATILLO

**IDENTIFICACIÓN DE LA BIBLIOTECA**
Biblioteca Municipal de Hatillo
**PERSONA ENCARGADA**
Sr. Héctor Vélez
**DIRECCIÓN FÍSICA**
Carretera #119
Avenida Dr. Susoni
Hatillo, Puerto Rico
**DIRECCIÓN POSTAL**
P. O Box 8
Hatillo, PR 00659-0008
**TELÉFONO DE LA BIBLIOTECA Y/O MUNICIPIO**
787-898-0270
**HORARIO DE SERVICIO**
Lunes a Viernes: 7:00 a.m. - 8:00 p.m.
**CORREOS ELECTRÓNICOS**
bepedrolopez@gmail.com

## Bibliotecas Satélites del Municipio de Hatillo

**IDENTIFICACIÓN DE LA BIBLIOTECA**

Biblioteca Municipal de Hatillo (Satélite)

**PERSONA ENCARGADA**

Sra. Nilsa A. Rodríguez Marrero

**DIRECCIÓN FÍSICA**

Calle B. Interior

Comunidad Arlyne Acevedo

Parcelas Nuevas

Esquina Calle Astilbes

Hatillo, Puerto Rico

**DIRECCIÓN POSTAL**

P. O Box 8

Hatillo, PR 00659-0008

**TELÉFONO DE LA BIBLIOTECA Y/O MUNICIPIO**

787-620-2004

**HORARIO DE SERVICIO**

Lunes a Viernes: 11:30 a.m. - 8:030 p.m.

Horario de receso escolar y navidad: 8:00 a.m. - 4:30 p.m.

**CORREOS ELECTRÓNICOS**

carrizalesnuevas@yahoo.com

## IDENTIFICACIÓN DE LA BIBLIOTECA

Centro Tecnológico Municipal de Hatillo (Satélite)

## PERSONA ENCARGADA

Sra. Jocelyn Candelario Ríos

## DIRECCIÓN FÍSICA

Barrio Aibonito

Hatillo, Puerto Rico

## DIRECCIÓN POSTAL

P. O Box 8

Hatillo, PR 00659-0008

## TELÉFONO DE LA BIBLIOTECA Y/O MUNICIPIO

787-620-2013

## HORARIO DE SERVICIO

Lunes a Viernes: 11:30 a.m. - 8:00 p.m.

## CORREOS ELECTRÓNICOS

Centro.tecnologico@yahoo.com

# HORMIGUEROS

**IDENTIFICACIÓN DE LA BIBLIOTECA**

Biblioteca Prof. Evelyn Luciaga de Hormigueros

**PERSONA ENCARGADA**

Sra. Elka A. Toro Candelario

**DIRECCIÓN FÍSICA**

Frente a la Plaza de Recreo

Hormigueros, PR 00660

**DIRECCIÓN POSTAL**

P. O. Box 97

Hormigueros, PR 00660-0097

**TELÉFONO DE LA BIBLIOTECA Y/O MUNICIPIO**

787-849-0790

787-849-2515 Ext. 257

Fax

787-849-1251

**HORARIO DE SERVICIO**

Lunes a Jueves: 7:00 a.m. - 8:00 p.m.

Viernes:7:00 a.m. - 11:00 a.m.

12:00 p.m. - 4:00 p.m.

Sábados:9:00 a.m. - 12:00 m.

**CORREOS ELECTRÓNICOS**

biblioteca@hormiguerospr.net

# HUMACAO

## IDENTIFICACIÓN DE LA BIBLIOTECA
Biblioteca Roig Municipal de Humacao

## PERSONA ENCARGADA
Sra. Loida Colón Ponce

## DIRECCIÓN FÍSICA
Avenida Font Martello

Esq. Domingo Quijano #1

Humacao, PR 00792

## DIRECCIÓN POSTAL
P. O. Box 178

Humacao, PR 00792

## TELÉFONO DE LA BIBLIOTECA Y/O MUNICIPIO
787-850-6446

787-285-8422 (Fax)

## HORARIO DE SERVICIO
Lunes a Viernes: 8:00 a.m. - 4:30 p.m.

## CORREOS ELECTRÓNICOS
psemh@yahoo.com

# ISABELA

**IDENTIFICACIÓN DE LA BIBLIOTECA**

Centro Cibernético de Isabela

**PERSONA ENCARGADA**

Personal del Municipio de Isabela y Universidad Interamericana

**DIRECCIÓN FÍSICA**

Edificio frente al Municipio

Isabela, Puerto Rico 00662

**DIRECCIÓN POSTAL**

P O Box 507

Isabela, Puerto Rico 00662-0507

**TELÉFONO DE LA BIBLIOTECA Y/O MUNICIPIO**

787-872-2100

**HORARIO DE SERVICIO**

Lunes a Viernes: 8:00 a.m. - 4:30 p.m.

**CORREOS ELECTRÓNICOS**

cciberneticoisabela@gmail.com

# JAYUYA

## IDENTIFICACIÓN DE LA BIBLIOTECA
Biblioteca Pública de Jayuya

## PERSONA ENCARGADA
Sra. Myrna Vidró

## DIRECCIÓN FÍSICA
Calle Guillermo Esteves #86

Jayuya, PR 00664

## DIRECCIÓN POSTAL
P. O Box 488

Jayuya, PR 00664-0488

## TELÉFONO DE LA BIBLIOTECA Y/O MUNICIPIO
787-828-1296

787-828-4515

## HORARIO DE SERVICIO
Lunes a Viernes: 8:00 a.m. - 4:30 p.m.

## CORREOS ELECTRÓNICOS
otma_jayuya@yahoo.com

Myrna_jayuya@yahoo.com

# JUANA DÍAZ

## IDENTIFICACIÓN DE LA BIBLIOTECA

Este municipio no tiene biblioteca

## PERSONA ENCARGADA

No hay persona asignada

## DIRECCIÓN FÍSICA

No hay

## DIRECCIÓN POSTAL

P.O. Box 1409

Juana Díaz, P.R. 00795-1409

## TELÉFONO DE LA BIBLIOTECA Y/O MUNICIPIO

Para información comunicarse

787-837-2570 (municipio)

## HORARIO DE SERVICIO

No hay horario de servicios

## CORREOS ELECTRÓNICOS

bmjuanadiaz@hotmail.com

# JUNCOS

## IDENTIFICACIÓN DE LA BIBLIOTECA
Biblioteca Municipal José M. Gallardo de Juncos

## PERSONA ENCARGADA
Sra. Hilda Hernández

## DIRECCIÓN FÍSICA
Calle Escutez

Al lado Casa Alcaldía

Juncos, Puerto Rico 00777

## DIRECCIÓN POSTAL
P.O. Box 1706

Juncos, P.R. 00777-1708

## TELÉFONO DE LA BIBLIOTECA Y/O MUNICIPIO
787-734-0335/Ext. 313, 314, 286

## HORARIO DE SERVICIO
Lunes a Jueves:9::00 a.m. - 6:00 p.m.

Viernes:8:30 a.m. - 5:00 p.m.

## CORREOS ELECTRÓNICOS
bmjuncos@hotmail.com

bibliojuncoshhc@yahoo.com

# LAJAS

**IDENTIFICACIÓN DE LA BIBLIOTECA**

Biblioteca Pública de la Parquera de Lajas

**PERSONA ENCARGADA**

Sra. Carmen Bermúdez Méndez

**DIRECCIÓN FÍSICA**

Carretera 304 Interior

Bo. La Parquera

Lajas, PR 00667

**DIRECCIÓN POSTAL**

P.O. Box 910

Lajas, P.R. 00667-0910

**TELÉFONO DE LA BIBLIOTECA Y/O MUNICIPIO**

787-899-3100

Fax

787-899-0215

**HORARIO DE SERVICIO**

Lunes a Viernes: 8:00 a.m. - 5:30 p.m.

**CORREOS ELECTRÓNICOS**

parguerabiblioteca@hotmail.com

## Bibliotecas Satélites del Municipio de Lajas

**IDENTIFICACIÓN DE LA BIBLIOTECA**
Biblioteca Electrónica y Archivo Histórico de Lajas
**PERSONA ENCARGADA**
Sra. Marilyn Vélez
**DIRECCIÓN FÍSICA**
Calle San Blas
Esquina Juan P. Avilés
**DIRECCIÓN POSTAL**
P.O. Box 910
Lajas, P.R. 00667-0910
**TELÉFONO DE LA BIBLIOTECA Y/O MUNICIPIO**
787-800-1000
Fax
787-800-0898
**HORARIO DE SERVICIO**
Lunes a Viernes: 8:00 a.m. - 4:30 p.m.
**CORREOS ELECTRÓNICOS**
bibliotecaelectronicalajas@gmail.com

DRA. DAMALIN JUDITH DÍAZ SUÁREZ

# LARES

**IDENTIFICACIÓN DE LA BIBLIOTECA**

Biblioteca Municipal de Lares

**PERSONA ENCARGADA**

Sra. Raquel González Chico

**DIRECCIÓN FÍSICA**

Calle Dr. Pedro Albizu Campos

Frente a la Plaza de Recreo

Lares, Puerto Rico 00669

**DIRECCIÓN POSTAL**

P.O. Box 218

Lares, P.R. 00669-218

**TELÉFONO DE LA BIBLIOTECA Y/O MUNICIPIO**

787-897-2300

**HORARIO DE SERVICIO**

Lunes a Viernes: 8:00 a.m. - 4:30 p.m.

**CORREOS ELECTRÓNICOS**

munlares@yahoo.com

# LAS MARÍAS

**IDENTIFICACIÓN DE LA BIBLIOTECA**
Biblioteca Pública de Las Marías

**PERSONA ENCARGADA**
Sra. Lydia del Toro Méndez

**DIRECCIÓN FÍSICA**
Calle Francisco Serrano #10
Las Marías, PR 00670

**DIRECCIÓN POSTAL**
P.O. Box 366
Las Marías, P.R. 00670

**TELÉFONO DE LA BIBLIOTECA Y/O MUNICIPIO**
787-827-4555/Tel-Fax

**HORARIO DE SERVICIO**
Lunes a Viernes: 8:00 a.m. - 4:30 p.m.

**CORREOS ELECTRÓNICOS**
bplasmarias@yahoo.com

DRA. DAMALIN JUDITH DÍAZ SUÁREZ

# LAS PIEDRAS

**IDENTIFICACIÓN DE LA BIBLIOTECA**

Biblioteca Municipal de Las Piedras

Tres satélites

**PERSONA ENCARGADA**

Sra. Narda Torres

**DIRECCIÓN FÍSICA**

Calle José Celso Barbosa #89

Interior

Las Piedras, PR 00771

Satélites

Biblioteca Pueblito del Río

Las Piedras, PR 00771

Biblioteca Montones III

Las Piedras, PR 00771

Biblioteca Bo. Tejas Asomante II

Las Piedras, PR 00771

**DIRECCIÓN POSTAL**

P.O. Box 00068

Las Piedras, P.R. 00771

**TELÉFONO DE LA BIBLIOTECA Y/O MUNICIPIO**

787-733-2645

787-2610-0165

**HORARIO DE SERVICIO**

Lunes a Viernes: 8:00 a.m. - 4:30 p.m.

**CORREOS ELECTRÓNICOS**

bibliotecapueblo@hotmail.com

federaleslp@gmail.com

# LOÍZA

**IDENTIFICACIÓN DE LA BIBLIOTECA**
Biblioteca Municipal de Loíza

**PERSONA ENCARGADA**
Sr. Luis Daniel Pizarro

**DIRECCIÓN FÍSICA**
Calle Espíritu Santo #24
Loíza, PR 00772

**DIRECCIÓN POSTAL**
P.O. Box 508
Loíza, P.R. 00772-0508

**TELÉFONO DE LA BIBLIOTECA Y/O MUNICIPIO**
787-886-4059
787-876-1040

**HORARIO DE SERVICIO**
Lunes a Viernes: 8:00 a.m. - 4:00 p.m.

**CORREOS ELECTRÓNICOS**
idpizarro@municipioloiza.net
biblioteca@muninicipioloiza.net

# LUQUILLO

**IDENTIFICACIÓN DE LA BIBLIOTECA**

Biblioteca Electrónica Municipal de Luquillo

**PERSONA ENCARGADA**

Sr. Luis García

**DIRECCIÓN FÍSICA**

Parte de Atrás a Casa Alcaldía

Planta baja

Luquillo, PR 00773

**DIRECCIÓN POSTAL**

P.O. Box 1012

Luquillo, P.R. 00773-1012

**TELÉFONO DE LA BIBLIOTECA Y/O MUNICIPIO**

787-889-2525 (Municipio)

**HORARIO DE SERVICIO**

Lunes a Viernes: 3:30 a.m. - 7:00 p.m.

**CORREOS ELECTRÓNICOS**

crosario@luquillo.gobierno.pr

# MANATÍ

## IDENTIFICACIÓN DE LA BIBLIOTECA
Biblioteca Municipal Francisco Álvarez Marrero de Manatí

## PERSONA ENCARGADA
Sr. Rafael Mirabal Linares

## DIRECCIÓN FÍSICA
Paseo de las Atenas

Frente al Res. Zorrilla

Manatí, PR 00674

## DIRECCIÓN POSTAL
P O Box 447

Manatí, P.R. 00674

## TELÉFONO DE LA BIBLIOTECA Y/O MUNICIPIO
787-884-5422

787-884-2927 (fax)

## HORARIO DE SERVICIO
Lunes a Domingos:7:00 a.m. - 11:00 p.m.

## CORREOS ELECTRÓNICOS
bibliotecamunicipalfam@gmail.com

# Bibliotecas Satélites del Municipio de Manatí

## Biblioteca Satélite Comunidad Campo Alegre

Carretera #2 Km. 46.8
Sector Campo Alegre
Bo. Cotto Norte
Manatí, P.R. 00674

Teléfono: 787-854-6651 Fax: 787-884-0928

## Biblioteca Satélite Comunidad de Boquillas

Carr.685 calle Estrella de Mar #36
Bo. Boquillas
Manatí, P.R. 00674

Teléfono: 787-854-0263 / 884-3854

## Biblioteca Satélite Comunidad Pugnado

Carretera 643 Km 2.4
Bo. Pugnado
Río Arriba Saliente
Manatí, P.R. 00674

Teléfono: 787-854-3292 Fax: 787-854-1197

## Biblioteca Satélite Comunidad Cortes

Carretera 667 Km 4.5
Sector Cortes
Bo. Bajura Adentro
Manatí, P.R. 00674

Teléfono: 787-854-0545 Fax: 787-884-3752

## Biblioteca Satélite Comunidad Monte Bello

Carretera 642 Km 6.0
Sector Monte Bello
Bo. Río Arriba Poniente
Manatí, P.R.

Teléfono: 787-854-7198

## Biblioteca Satélite Comunidad Cantito

Carretera 616 Km 1.4
Sector Cantito
Bo. Tierras Nuevas Poniente
Manatí, P.R. 00674

# MARICAO

## IDENTIFICACIÓN DE LA BIBLIOTECA
Biblioteca Pública de Maricao

## PERSONA ENCARGADA
Sr. Héctor J. Ayala

## DIRECCIÓN FÍSICA
Calle Ruiz Belvis

Maricao, PR 00674

## DIRECCIÓN POSTAL
P.O. Box 0837

Maricao, P.R. 00606-0837

## TELÉFONO DE LA BIBLIOTECA Y/O MUNICIPIO
787-838-2290

787-838-2480

## HORARIO DE SERVICIO
Lunes a Viernes: 8:00 a.m. - 4:00 p.m.

## CORREOS ELECTRÓNICOS
bpmaricao@yahoo.com

# MAUNABO

**IDENTIFICACIÓN DE LA BIBLIOTECA**
Biblioteca Municipal de Maunabo
**PERSONA ENCARGADA**
Sra. Idamaris Santiago
**DIRECCIÓN FÍSICA**
Calle Santiago Iglesias I
Frente a la Plaza Pública
Maunabo, PR 00707
**DIRECCIÓN POSTAL**
P.O. Box 08
Maunabo, P.R. 00707-0008
**TELÉFONO DE LA BIBLIOTECA Y/O MUNICIPIO**
787-861-2009
**HORARIO DE SERVICIO**
Lunes a Viernes: 8:00 a.m. - 4:30 p.m.
**CORREOS ELECTRÓNICOS**
bibliotecamaunabo@gmail.com

# MAYAGÜEZ

**IDENTIFICACIÓN DE LA BIBLIOTECA**

Biblioteca Municipal de Mayagüez

**PERSONA ENCARGADA**

Sra. Gladys de León

**DIRECCIÓN FÍSICA**

Calle Candelaria #14

Mayagüez, PR 00681

**DIRECCIÓN POSTAL**

P.O. Box 447

Mayagüez. P.R. 00681-0447

**TELÉFONO DE LA BIBLIOTECA Y/O MUNICIPIO**

787-834-8585

Ext. 440

**HORARIO DE SERVICIO**

Lunes a Viernes:8:00 a.m. - 4:30 p.m.

**CORREOS ELECTRÓNICOS**

bibliotecamayaguezpro@gov.com

# Bibliotecas Satélites del Municipio de Mayagüez

**IDENTIFICACIÓN DE LA BIBLIOTECA**

Biblioteca Centro de Desarrollo y Servicios Especializados (ESPIBI)

**PERSONA ENCARGADA**

Sra. Camille Guardiola

**DIRECCIÓN FÍSICA**

Calle Candelaria #14

Mayagüez, PR 00681

**DIRECCIÓN POSTAL**

P.O. Box 447

Mayagüez. P.R. 00681-0447

**TELÉFONO DE LA BIBLIOTECA Y/O MUNICIPIO**

787-834-8585

**HORARIO DE SERVICIO**

Lunes a Viernes: 8:00 a.m. - 4:30 p.m.

**CORREOS ELECTRÓNICOS**

guardiola@hotmail.com

# MOCA

**IDENTIFICACIÓN DE LA BIBLIOTECA**
Biblioteca Centro Tecnológico Municipal

**PERSONA ENCARGADA**
Sr. Moisés Vélez

**DIRECCIÓN FÍSICA**
Frente al Coliseo Municipal
Moca, PR 00676

**DIRECCIÓN POSTAL**
P.O. Box 1571
Moca, P.R. 00676

**TELÉFONO DE LA BIBLIOTECA Y/O MUNICIPIO**
787-877-0678/787-877-2006
787-877-4975 (Fax)

**HORARIO DE SERVICIO**
Lunes a Jueves: 8:00 a.m. - 8:00 p.m.
Viernes:8:00 a.m. - 4:30 p.m.
Sábados:8:00 a.m. - 12:00 m.

**CORREOS ELECTRÓNICOS**
ctm@municipiodemoca.com
info@municipiodemoca.com

# MOROVIS

## IDENTIFICACIÓN DE LA BIBLIOTECA
Biblioteca Municipal Julia M. Chéverez de Morovis

## PERSONA ENCARGADA
Sra. Betsy Rodríguez

## DIRECCIÓN FÍSICA
Calle José del Río

Esq. Betances

Morovís, PR 00687

## DIRECCIÓN POSTAL
P.O. Box 655

Morovís, P.R. 00687-0655

## TELÉFONO DE LA BIBLIOTECA Y/O MUNICIPIO
787-862-6161

## HORARIO DE SERVICIO
Lunes a Jueves:7:30 a.m. - 7:30 p.m.

Viernes: 7:30 a.m. - 4:00 p.m.

Sábados: 8:00 a.m. - 4:00 p.m.

## CORREOS ELECTRÓNICOS
bibliotecaelectronicamorovis@hotmail.com

# NAGUABO

**IDENTIFICACIÓN DE LA BIBLIOTECA**
Biblioteca Pública Electrónica de Naguabo

**PERSONA ENCARGADA**
Sr. Víctor Rodríguez

**DIRECCIÓN FÍSICA**
Ruta #31 K.m. 11.9
Sector Peña Pobre
Naguabo, Puerto Rico 00718

**DIRECCIÓN POSTAL**
P.O. Box 40
Naguabo, P.R. 00718-0040
(Apartado del Municipio)

**TELÉFONO DE LA BIBLIOTECA Y/O MUNICIPIO**
787-874-2265 (Municipio)

**HORARIO DE SERVICIO**
Lunes a Viernes: 8:00 a.m. - 4:00 p.m.

**CORREOS ELECTRÓNICOS**
municipionaguabo@yahoo.com
programasfederales@gmail

# NARANJITO

**IDENTIFICACIÓN DE LA BIBLIOTECA**

Biblioteca Municipal de Naranjito

**PERSONA ENCARGADA**

Sra. Jenny Cosme Rivera

**DIRECCIÓN FÍSICA**

Calle Georgetty #132

Edificio Antiguo Hospital

Naranjito, PR 00719

**DIRECCIÓN POSTAL**

P.O. Box 53

Naranjito, P.R. 00719-0053

**TELÉFONO DE LA BIBLIOTECA Y/O MUNICIPIO**

787-869-5154

Fax

787-869-5740

**HORARIO DE SERVICIO**

Lunes a Jueves: 7:30 a.m. - 6:00 p.m.

Viernes: 7:30 a.m. - 4:00 p.m.

Sábados:8:00 a.m. - 12:00m.

**CORREOS ELECTRÓNICOS**

bibpubnaranjito@gmailcom

bibliotecanaraniitoBlog.com, Facebook

# OROCOVIS

**IDENTIFICACIÓN DE LA BIBLIOTECA**
Biblioteca Municipal de Orocovis

**PERSONA ENCARGADA**
Sr. Martin F. Rosado
Sra. Inés J. Janer
Sr. Héctor L. Ortiz

**DIRECCIÓN FÍSICA**
Ave. Alto Ing. Hernández #10
Orocovis, Puerto Rico 00720

**DIRECCIÓN POSTAL**
P.O. Box 2106
Orocovis, P.R. 00720

**TELÉFONO DE LA BIBLIOTECA Y/O MUNICIPIO**
787-867-2668

**HORARIO DE SERVICIO**
Lunes a Viernes: 8:00 a.m. - 4:30 p.m.

**CORREOS ELECTRÓNICOS**
rosadomartin32@gmail.com
cma_alcanza@yhotmailcom
jlortizlopez@yahoo.com

# PATILLAS

**IDENTIFICACIÓN DE LA BIBLIOTECA**

Biblioteca Municipal Manuel Santana Gastón

**PERSONA ENCARGADA**

Municipio de Patillas

**DIRECCIÓN FÍSICA**

Calle Muñoz Rivera, Esq. Iglesias

Edif. Santana Gastón

Patillas, PR 00723

**DIRECCIÓN POSTAL**

P.O. Box 698

Patillas, P. R. 00723

**TELÉFONO DE LA BIBLIOTECA Y/O MUNICIPIO**

787-839-2030

**HORARIO DE SERVICIO**

Lunes a Viernes:8:00 a.m. - 4:30 p.m.

**CORREOS ELECTRÓNICOS**

bibliotecapatillas@gmail.com

be_mpatillas@hotmail.com

# PEÑUELAS

**IDENTIFICACIÓN DE LA BIBLIOTECA**

Biblioteca Municipal de Peñuelas

**PERSONA ENCARGADA**

Sra. Elizabeth Cruz

Sr. Wilmer Colón

**DIRECCIÓN FÍSICA**

Calle José Vicente Rodríguez #413

Edificio Elena Rivera

Peñuelas, PR 00624

**DIRECCIÓN POSTAL**

P.O Box 10

Peñuelas, P.R. 00624

**TELÉFONO DE LA BIBLIOTECA Y/O MUNICIPIO**

787-836-1136

Ext. 287

Fax

787-836-5214

**HORARIO DE SERVICIO**

Lunes a Jueves: 8:00 a.m. - 9:00 p.m.

Viernes:9:00 a.m. - 5:00 p.m.

Sábados:8:00 a.m. _ 12:00 md.

**CORREOS ELECTRÓNICOS**

municipio.penuelas@yahoo.com/mfigueroa@penuelasonline.com

arte_penuelas@yahoo.com

# PONCE

## IDENTIFICACIÓN DE LA BIBLIOTECA
Biblioteca Municipal Infantil Mariana Suárez de Longo
## PERSONA ENCARGADA
Sr. Efraín Colón Báez (Director)

Sra. Jo Arleen Torres Hernández (Administradora)
## DIRECCIÓN FÍSICA
Boulevard Miguel Pou

Marginal Conchita Dapena

Ponce, PR 00733

Tiene 7 satélites
## DIRECCIÓN POSTAL
P.O. Box 331709

Ponce P.R. 00733-1709
## TELÉFONO DE LA BIBLIOTECA Y/O MUNICIPIO
787-812-3004, 3006, 3007, 3011
## HORARIO DE SERVICIO
Lunes a Jueves: 8:00 a.m. - 9:00 p.m.

Viernes: 8:00 a.m. - 6:30 p.m.

Sábados y Domingos: 10:00 a.m.-6:30 p.m.
## CORREOS ELECTRÓNICOS
bibliotecaponce@gmail.com

efrain.colon@ponce.pr.gov/http://ww.ponce.wordpress.com

## Bibliotecas Satélites del Municipio de Ponce

**IDENTIFICACIÓN DE LA BIBLIOTECA**

Biblioteca Rosario Ferre del Museo de Arte de Ponce (Comunitaria)

**PERSONA ENCARGADA**

Sra. Aida Báez Caraballo

**DIRECCIÓN FÍSICA**

Museo de Arte de Ponce

2325 Avenida Las Américas

Ponce, Puerto Rico 00732

**DIRECCIÓN POSTAL**

P O Box 9027

Ponce, Puerto Rico 00732-9027

**TELÉFONO DE LA BIBLIOTECA Y/O MUNICIPIO**

787-840-1510

Ext. 230-231

Fax

787-836-5214

**HORARIO DE SERVICIO**

Lunes, Miércoles y Jueves:10:00 a.m. - 6:00 p.m.

Martes por cita previa

Viernes y Sábados:10:00 a.m. - 2:00 p.m.

Domingos y Días Feriado Cerrado

**CORREOS ELECTRÓNICOS**

jsoler@museoarteponce.org

biblioteca@museoarteponce.org

abaez@museoarteponce.org

# QUEBRADILLAS

**IDENTIFICACIÓN DE LA BIBLIOTECA**
Biblioteca Municipal Electrónica Juan R. Rojas Mena
**PERSONA ENCARGADA**
Sr. José Pérez
**DIRECCIÓN FÍSICA**
Carretera #113 Km. 13.9.
Bo. San Antonio
Quebradillas, PR 00678
**DIRECCIÓN POSTAL**
P.O. Box 1544
Quebradillas, P.R. 00678-1544
**TELÉFONO DE LA BIBLIOTECA Y/O MUNICIPIO**
787-895-1125
Fax
787-895-7734
**HORARIO DE SERVICIO**
Lunes a Viernes: 3:00 p.m. - 9:00 p.m.
**CORREOS ELECTRÓNICOS**
Josem20031@hotmail.com
mquebradillaspr@gmail.com

# RINCÓN

**IDENTIFICACIÓN DE LA BIBLIOTECA**

Biblioteca Municipal de Rincón

**PERSONA ENCARGADA**

Sra. Wanda I. Bializ

**DIRECCIÓN FÍSICA**

Calle Nueva Final

Rincón, PR 00677

**DIRECCIÓN POSTAL**

P.O. Box 97

Rincón, P.R. 00677-0097

**TELÉFONO DE LA BIBLIOTECA Y/O MUNICIPIO**

787-823-9075

787-823-5150

**HORARIO DE SERVICIO**

Lunes a Viernes: 8:00 a.m. - 4:30 p.m.

**CORREOS ELECTRÓNICOS**

emaphyl@hotmail.com

# RÍO GRANDE

## IDENTIFICACIÓN DE LA BIBLIOTECA
Centro Cibernético de Río Grande

## PERSONA ENCARGADA
Sr. Rafael Ramos Matos

## DIRECCIÓN FÍSICA
Calle Pimentel

Bajos del Edificio de Recursos Externos

Río Grande, PR 00745

## DIRECCIÓN POSTAL
P O Box 847

Río Grande, Puerto Rico 00745

## TELÉFONO DE LA BIBLIOTECA Y/O MUNICIPIO
787-887-2370 Ext. 2180

## HORARIO DE SERVICIO
Lunes a Viernes: 8:00 a.m. - 9:00 p.m.

Viernes y sábados:8:00 a.m. 4:00 p.m.

## CORREOS ELECTRÓNICOS
rramos@riograndepr.org

# SÁBANA GRANDE

## IDENTIFICACIÓN DE LA BIBLIOTECA
Biblioteca Pública Augusto Malaret de Sábana Grande

## PERSONA ENCARGADA
Sra. Mary Vélez

## DIRECCIÓN FÍSICA
Calle 65

Sábana Grande, PR 00637

## DIRECCIÓN POSTAL
P.O. Box 1836

Sabana Grande, P.R. 00637-0356

## TELÉFONO DE LA BIBLIOTECA Y/O MUNICIPIO
787-873-0640

## HORARIO DE SERVICIO
Lunes a Viernes: 8:00 a.m. - 4:30 p.m.

## CORREOS ELECTRÓNICOS
bibliotecasg@gmail.com

maryvelez@gmail.com

# SALINAS

**IDENTIFICACIÓN DE LA BIBLIOTECA**

Biblioteca Municipal de Salinas

**PERSONA ENCARGADA**

Sra. Ana Guzmán

**DIRECCIÓN FÍSICA**

Calle Baldorioty de Castro #26

Salinas, PR 00751

**DIRECCIÓN POSTAL**

P.O. Box 1149

Salinas, P.R. 00751-1149

**TELÉFONO DE LA BIBLIOTECA Y/O MUNICIPIO**

787-824-2227

**HORARIO DE SERVICIO**

Lunes a Viernes:8:00 a.m. - 4:30 p.m.

**CORREOS ELECTRÓNICOS**

bibliotecasalinas@hotmail.com

oajsalinas@yahoo.com

DRA. DAMALIN JUDITH DÍAZ SUÁREZ

# SAN GERMÁN

**IDENTIFICACIÓN DE LA BIBLIOTECA**
Biblioteca Pública Raquel Quiñones de San Germán

**PERSONA ENCARGADA**
Sr. Rafael Pérez Mercado

**DIRECCIÓN FÍSICA**
11 Calle Padres Augustinos
San Germán, 00683

**DIRECCIÓN POSTAL**
P.O. Box 85
San Germán, P.R. 00683-0085

**TELÉFONO DE LA BIBLIOTECA Y/O MUNICIPIO**
787-892-6820
Fax
787-892-0370

**HORARIO DE SERVICIO**
Lunes a Jueves:8:00 a.m-8:30 p.m.
Viernes:8:00 a.m. - 6:00 p.m.

**CORREOS ELECTRÓNICOS**
r_peres@hotmail.com
rperez545@gmail.com
www.bpsangerman.org

# SAN JUAN

## IDENTIFICACIÓN DE LA BIBLIOTECA
Biblioteca Pública Carnegie

7 Ave. Ponce de León

San Juan, Puerto Rico

## PERSONA ENCARGADA
Sr. José Hernández

## TELÉFONO DE LA BIBLIOTECA Y/O MUNICIPIO
787-722-4754

787-722-4739

## HORARIO DE SERVICIO
Lunes, Viernes y Sábado: 9:00 a.m. - 5:30 p.m.

Martes, Miércoles y Jueves: 9:00 a.m. - 8:30 p.m.

## CORREOS ELECTRÓNICOS
jhernandez@bibliotecacarnegie.org

*(Para información de esta biblioteca comunicarse al Municipio de San Juan, está cerrada temporeramente)

## Varias Bibliotecas del Municipio de San Juan

**IDENTIFICACIÓN DE LA BIBLIOTECA**

Biblioteca Regional para Ciegos

520 Ave. Ponce de León, Suite 2

San Juan, PR

**PERSONA ENCARGADA**

Sra. Ingri Rodríguez

**TELÉFONO DE LA BIBLIOTECA Y/O MUNICIPIO**

787-723-2519

**HORARIO DE SERVICIO**

Lunes a Viernes: 8:00 a.m. - 5:00 p.m.

Sábados: 8:00 a.m. - 12:00 p.m.

**CORREOS ELECTRÓNICOS**

bibciego@tld.net

**IDENTIFICACIÓN DE LA BIBLIOTECA**

Biblioteca del Conservatorio de Música

**PERSONA ENCARGADA**

Sra. Damaris Cordero

**DIRECCION POSTAL**

Conservatorio de Música de Puerto Rico

Biblioteca Amaury Veray

#951 Ave. Ponce de León

San Juan, Puerto Rico 00907-2199

**DIRECCION FÍSICA**

Conservatorio de Música de Puerto Rico

#951 Ave. Ponce de León

San Juan, Puerto Rico 00907

**TELÉFONO DE LA BIBLIOTECA Y/O MUNICIPIO**

787-751-0160 Ext. 256

**HORARIO DE SERVICIO**

Lunes a Jueves: 7:30 a.m. - 8:30 p.m.

Viernes:7:30 a.m. - 6:30 p.m.

Sábados:9:00 a.m. - 3:30 p.m.

**CORREOS ELECTRÓNICOS**

mescalera@cmpr.pr.gov

**IDENTIFICACIÓN DE LA BIBLIOTECA**

Biblioteca Comunitaria Tomás Blanco de San Juan

**DIRECCION FÍSICA**

Calle Robles #5 Interior

Bo. Juan Domingo

San Juan, PR

**PERSONA ENCARGADA**

Sra. Alice Y. González

**TELÉFONO DE LA BIBLIOTECA Y/O MUNICIPIO**

787-783-4034

**HORARIO DE SERVICIO**

Lunes a Viernes: 8:00 a.m. - 4:30 p.m.

**CORREOS ELECTRÓNICOS**

lcdl@prw.net

**IDENTIFICACIÓN DE LA BIBLIOTECA**

Biblioteca Nacional de Puerto Rico

**DIRECCION FISICA**

Ave. Ponce de León 500

Puerta de Tierra Pda. 8

San Juan, Puerto Rico

**PERSONA ENCARGADA**

Sra. Josefina Gómez

**TELÉFONO DE LA BIBLIOTECA Y/O MUNICIPIO**

787-723-0354

**HORARIO DE SERVICIO**

Lunes a Viernes: 8:00 a.m. - 4:30 p.m.

**CORREOS ELECTRÓNICOS**

Jgomez_icp@gobierno.pr

## IDENTIFICACIÓN DE LA BIBLIOTECA

Biblioteca Comunitaria Joaquín Izquierdo

## DIRECCION FÍSICA

Centro Sor Isolina Ferré

RR-6 Box 9541

San Juan, PR 00926

## PERSONA ENCARGADA

Sra. Raquel Caraballo Díaz

## TELÉFONO DE LA BIBLIOTECA Y/O MUNICIPIO

787-731-5700

Fax

787-272-3390

## HORARIO DE SERVICIO

Lunes a Viernes: 8:00 a.m. - 6:00 p.m.

## CORREOS ELECTRÓNICOS

csifcaimito@yahoo.com

## IDENTIFICACIÓN DE LA BIBLIOTECA
Biblioteca Comunitaria Fundación Luis Muñoz Marín

## PERSONA ENCARGADA
Dr. Luis Nieves Falcón

### HORARIO DE SERVICIO
Lunes a Viernes: 8:00 a.m. - 4:30 p.m.

### CORREOS ELECTRÓNICOS
patriota@onelinkpr.net

## IDENTIFICACIÓN DE LA BIBLIOTECA
San Juan Community Library

## PERSONA ENCARGADA
Sra. Constance Estades

## DIRECCIÓN POSTAL
P. O Box 3758

Guaynabo, PR 00970-3758

## DIRECCIÓN FÍSICA
Ave. Apolo, Esq. Topacio

Guaynabo, PR 00970

## TELÉFONO DE LA BIBLIOTECA Y/O MUNICIPIO
787-789-4600 Tel/Fax

**HORARIO DE SERVICIO**

Lunes a Miércoles: 10:00 a.m. - 5:00 p.m.

Jueves: 10:00 a.m. - 5:30 p.m.

Viernes: 12:00 p.m. - 3:00 p.m.

Sábados: 10:00 a.m. - 5:00 p.m.

**CORREOS ELECTRÓNICOS**

info@yarlibrarysanjuan.org

wwwtubiblioteca.org (Español)

wwwyourlibrarysanjuan.org (English)

Facebook: San Juan Community Library

**IDENTIFICACIÓN DE LA BIBLIOTECA**

Biblioteca Comunitaria "Carmen L. Colón"

**PERSONA ENCARGADA**

Sra. Dalila González

**DIRECCIÓN POSTAL**

P O Box 30003

San Juan, Puerto Rico 00929

**DIRECCIÓN FÍSICA**

Calle 37 # 236

Parcelas Falú

Río Piedras, Puerto Rico

**TELÉFONO DE LA BIBLIOTECA Y/O MUNICIPIO**

787-756-7462

**HORARIO DE SERVICIO**

Lunes a Viernes: 8:00 a.m. - 4:30 p.m.

**CORREOS ELECTRÓNICOS**

cbendicion@live.com

**IDENTIFICACIÓN DE LA BIBLIOTECA**

Biblioteca Comunitaria del Museo de Arte de Puerto Rico

**PERSONA ENCARGADA**

Sra. Olga Álvarez Archilla

**DIRECCIÓN POSTAL**

P O Box 41209

San Juan, Puerto Rico 00940-1209

**DIRECCIÓN FÍSICA**

299 Ave. De Diego

Parada 22

San Juan, Puerto Rico 00910

**TELÉFONO DE LA BIBLIOTECA Y/O MUNICIPIO**

787-977-6277

Ext. 2260

**HORARIO DE SERVICIO**

Martes a Sábados: 8:30 a.m. - 5:30 p.m.

**CORREOS ELECTRÓNICOS**

oalvarez@mapr.org

Website: www.mapr.org

# SAN LORENZO

**IDENTIFICACIÓN DE LA BIBLIOTECA**
Biblioteca Municipal de San Lorenzo
**PERSONA ENCARGADA**
Sra. Aida L. Mangual
**DIRECCIÓN FÍSICA**
Calle Valeriano Muñoz
San Lorenzo, PR 00754
**DIRECCIÓN POSTAL**
P.O. Box 1289
San Lorenzo, P.R. 00754-1289
**TELÉFONO DE LA BIBLIOTECA Y/O MUNICIPIO**
787-715-0915
**HORARIO DE SERVICIO**
Lunes a Viernes: 8:00 a.m. - 4:30 p.m.
**CORREOS ELECTRÓNICOS**
bibliotecasanlorenzo@gmail.com

DRA. DAMALIN JUDITH DÍAZ SUÁREZ

# SAN SEBASTIÁN

**IDENTIFICACIÓN DE LA BIBLIOTECA**
Biblioteca Pública-Municipal Eduardo Negrón Benítez
de San Sebastián

**PERSONA ENCARGADA**
Sra. Janet León

**DIRECCIÓN FÍSICA**
Calle MJ Cabrero
Detrás de la Iglesia Católica
San Sebastián, PR 00685

**DIRECCIÓN POSTAL**
P.O. Box 1603
San Sebastián, P.R. 00685

**TELÉFONO DE LA BIBLIOTECA Y/O MUNICIPIO**
787-280-9991
Ext. 251

**HORARIO DE SERVICIO**
Lunes a Jueves: 7:30 a.m. - 8:00 p.m.
Viernes y Sábados: 7:30 a.m. - 4:30 p.m.

**CORREOS ELECTRÓNICOS**
rene_rosado@hotmail.com
bpmsansebastian@hotmail.com

# SANTA ISABEL

## IDENTIFICACIÓN DE LA BIBLIOTECA
Biblioteca Municipal de Santa Isabel
## PERSONA ENCARGADA
Sra. Ruth Ortiz
## DIRECCIÓN FÍSICA
Calle Hostos #3

Santa Isabel, PR 00757
## DIRECCIÓN POSTAL
P.O. Box 725

Santa Isabel, P.R. 00757
## TELÉFONO DE LA BIBLIOTECA Y/O MUNICIPIO
787-845-4040

Ext. 226
## HORARIO DE SERVICIO
Lunes a Viernes: 8:00 a.m. - 4:30 p.m.
## CORREOS ELECTRÓNICOS
bmunicipalsi@hotmail.com

# TOA ALTA

**IDENTIFICACIÓN DE LA BIBLIOTECA**

Biblioteca Municipal Evaristo Izcoa Díaz de Toa Alta

**PERSONA ENCARGADA**

Sra. Janet Rodríguez

**DIRECCIÓN FÍSICA**

Calle Luis Muñoz Rivera # 55

Al lado del CDT

Toa Alta, PR 00954

**DIRECCIÓN POSTAL**

P.O. Box 82

Toa Alta, P.R. 00954-0082

**TELÉFONO DE LA BIBLIOTECA Y/O MUNICIPIO**

787-870-0472/787-870-0469

**HORARIO DE SERVICIO**

Lunes a Viernes: 8:00 a.m. - 4:30 p.m.

**CORREOS ELECTRÓNICOS**

evaristoizcoa@yahoo.com

# TOA BAJA

## IDENTIFICACIÓN DE LA BIBLIOTECA
Biblioteca Municipal de Toa Baja
## PERSONA ENCARGADA
Sra. Rosalinda Soto Toledo
## DIRECCIÓN FÍSICA
Esq. Calle Luisa

Cuarta Sección Urb. Levittown

Avenida Boulevard

Toa Baja, PR 00949
## DIRECCIÓN POSTAL
Esq. Calle Luisa

Cuarta Sección Urb. Levittown

Avenida Boulevard

Toa Baja, PR 00949
## TELÉFONO DE LA BIBLIOTECA Y/O MUNICIPIO
787-261-3051
## HORARIO DE SERVICIO
Lunes a Sábados: 9:00 a.m.- 5:00 p.m.
## CORREOS ELECTRÓNICOS
bjbm_toabaja@yahoo.com

# TRUJILLO ALTO

## IDENTIFICACIÓN DE LA BIBLIOTECA
Biblioteca Municipal Emilio Díaz Valcárcel de Trujillo Alto

## PERSONA ENCARGADA
Sra. Marilyn Cortes Flores

## DIRECCIÓN FÍSICA
Calle Muñoz Rivera #29

Trujillo Alto, PR 00977

## DIRECCIÓN POSTAL
P. O Box 1869

Trujillo Alto, PR 00977

## TELÉFONO DE LA BIBLIOTECA Y/O MUNICIPIO
787-755-4157

787-755-4160

787-755-4545

Fax

787-283-3085

## HORARIO DE SERVICIO
Lunes a Viernes: 8:00 a.m. - 7:50 p.m.

## CORREOS ELECTRÓNICOS
Servicioseducativos@gmail.com

# Bibliotecas Satélites del Municipio de Trujillo Alto

**IDENTIFICACIÓN DE LA BIBLIOTECA**

Biblioteca Electrónica de Trujillo Alto (Satélite)

**PERSONA ENCARGADA**

Sra. Alma Betancourt

**DIRECCIÓN POSTAL**

P. O Box 1869

Trujillo Alto, PR 00977

**DIRECCIÓN FÍSICA**

Calle Teodomiro Ramírez #76

Vega Baja, PR 00692

**TELÉFONO DE LA BIBLIOTECA Y/O MUNICIPIO**

787-755-4157

755-4160

Fax

787-283-3085

**HORARIO DE SERVICIO**

Lunes a Viernes: 8:00 a.m. - 7:50 p.m.

**CORREOS ELECTRÓNICOS**

servicioseducativos@gmail.com

# UTUADO

## IDENTIFICACIÓN DE LA BIBLIOTECA
Biblioteca Pública de Utuado

## PERSONA ENCARGADA
Sra. Camila González

## DIRECCIÓN FÍSICA
Calle Dr. Cueto #118
Utuado, PR 00641

## DIRECCIÓN POSTAL
P.O. Box 190
Utuado, P.R. 00641

## TELÉFONO DE LA BIBLIOTECA Y/O MUNICIPIO
787-894-3566

## HORARIO DE SERVICIO
Lunes a Viernes: 8:00 a.m. - 4:30 p.m.

## CORREOS ELECTRÓNICOS
bputuado@gmail.com

# VEGA ALTA

**IDENTIFICACIÓN DE LA BIBLIOTECA**
Biblioteca Municipal Padre Delgado de Vega Alta

**PERSONA ENCARGADA**
Sra. Carmen I. Morales

**DIRECCIÓN FÍSICA**
Frente a la Plaza de Recreo
Vega Alta, PR 00692

**DIRECCION POSTAL**
P.O. Box 1390
Vega Alta, P.R. 00692-1390

**TELÉFONO DE LA BIBLIOTECA Y/O MUNICIPIO**
787-883-3661

**HORARIO DE SERVICIO**
Lunes a Viernes: 8:00 a.m. - 4:30 p.m.

**CORREOS ELECTRÓNICOS**
bibpdelgado@yahoo.com

## Bibliotecas Satélites del Municipio de Vega Alta

**IDENTIFICACIÓN DE LA BIBLIOTECA**

Biblioteca Municipal Digital de Vega Alta (Satélite)

**PERSONA ENCARGADA**

Sr. Ángel Rivas Fránquiz

**DIRECCIÓN FÍSICA**

Calle Luis Muñoz Rivera #64

Vega Alta, Puerto Rico 00692

**DIRECCION POSTAL**

P.O. Box 1390

Vega Alta, P.R. 00692-1390

**TELÉFONO DE LA BIBLIOTECA Y/O MUNICIPIO**

787-270-3811

787-270-2812

**HORARIO DE SERVICIO**

Lunes a Viernes: 8:00 a.m. - 5:00 p.m.

Sábados:10:00 a.m. - 2:00 p.m.

**CORREOS ELECTRÓNICOS**

bibliotecavegaalta@gmail.com

# VEGA BAJA

## IDENTIFICACIÓN DE LA BIBLIOTECA
Biblioteca Municipal de Vega Baja

## PERSONA ENCARGADA
Sr. Wihem Hernández

## DIRECCIÓN FÍSICA
Carretera #2

Entrada que va hacia la Playa

## DIRECCIÓN POSTAL
P. O. Box 4555

Vega Baja, PR 00693-4555

## TELÉFONO DE LA BIBLIOTECA Y/O MUNICIPIO
787-855-2500/2515

## HORARIO DE SERVICIO
Lunes a Viernes: 8:00 a.m. - 4:30 p.m.

## CORREOS ELECTRÓNICOS
juntasubasta@vegabaja.gov.pr

finanzas@vegabaja.gov.pr

# Bibliotecas Satélites del Municipio de Vega Baja

**IDENTIFICACIÓN DE LA BIBLIOTECA**

Biblioteca Centro Histórico de Vega Baja

**PERSONA ENCARGADA**

Sr. José Rodríguez

**DIRECCIÓN FÍSICA**

Frente al Res. Catoni

Vega Baja, PR 00693

**DIRECCIÓN POSTAL**

P. O. Box 4555

Vega Baja, PR 00693-4555

**TELÉFONO DE LA BIBLIOTECA Y/O MUNICIPIO**

787-855-2500/2515

**HORARIO DE SERVICIO**

Lunes a Viernes: 8:00 a.m. - 4:30 p.m.

**CORREOS ELECTRÓNICOS**

juntasubasta@vegabaja.gov.pr

finanzas@vegabaja.gov.pr

# VIEQUES

## IDENTIFICACIÓN DE LA BIBLIOTECA
Biblioteca Municipal de Vieques

## PERSONA ENCARGADA
Sra. Gilmarie Pimentel

## DIRECCIÓN FÍSICA
Calle Guzmán

Vieques, PR 00765

## DIRECCIÓN POSTAL
Calle Carlos Lebrón #449

Vieques, P.R. 00765

## TELÉFONO DE LA BIBLIOTECA Y/O MUNICIPIO
787-741-5000

Ext. 2358

## HORARIO DE SERVICIO
Lunes a Viernes: 8:00 a.m. - 4:30 p.m.

## CORREOS ELECTRÓNICOS
bmunicipalvieques@gmail.com

DRA. DAMALIN JUDITH DÍAZ SUÁREZ

# VILLALBA

## IDENTIFICACIÓN DE LA BIBLIOTECA
Biblioteca Municipal de Villalba

## PERSONA ENCARGADA
Sr. Ramón Martínez Torres

## DIRECCIÓN FÍSICA
Calle Muñoz Rivera #44
Villalba, PR 00766

## DIRECCIÓN POSTAL
P.O. Box 1506
Villalba, P.R. 00766-1506

## TELÉFONO DE LA BIBLIOTECA Y/O MUNICIPIO
787-847-6541

## HORARIO DE SERVICIO
Lunes a Viernes: 8:00 a.m. - 6:00 p.m.

## CORREOS ELECTRÓNICOS
bmvillalba@hotmail.com
centrojuventud@hotmail.com

# YABUCOA

**IDENTIFICACIÓN DE LA BIBLIOTECA**
  Biblioteca Municipal de Yabucoa
**PERSONA ENCARGADA**
  Sr. David Jusino
**DIRECCIÓN FÍSICA**
  Calle Catalina Morales
  Yabucoa, PR 00767
**DIRECCIÓN POSTAL**
  P.O. Box 97
  Yabucoa, P.R. 00767-0097
**TELÉFONO DE LA BIBLIOTECA Y/O MUNICIPIO**
  787-893-3385
**HORARIO DE SERVICIO**
  Lunes a Jueves: 8:00 a.m. - 7:00 p.m.
  Viernes y Sábado: 9:00 a.m. - 3:00 p.m.
**CORREOS ELECTRÓNICOS**
  bmyabucoa@yahoo.com
  federales1@prtc.net

# YAUCO

**IDENTIFICACIÓN DE LA BIBLIOTECA**
Biblioteca Pública de Yauco

**PERSONA ENCARGADA**
Sra. Alba Gutiérrez

**DIRECCIÓN FÍSICA**
Calle Santiago Vivaldi
Esq. Baldorioty
Yauco, PR 00698

**DIRECCIÓN POSTAL**
P O Box 01
Yauco, PR 00698-0001

**TELÉFONO DE LA BIBLIOTECA Y/O MUNICIPIO**
787-856-1100

**HORARIO DE SERVICIO**
Lunes a Viernes:8:00 a.m. - 4:30 p.m.

**CORREOS ELECTRÓNICOS**
bibliotecaluisecatala@yahoo.com

# CORREOS ELECTRÓNICOS DE LAS BIBLIOTECAS PÚBLICAS, MUNICIPALES Y COMUNITARIAS DE LOS 78 MUNICIPIOS DE PUERTO RICO

bibliotecaadjuntas@yahoo.com, bibliotecajaimeldrew@yahoo.com., aguadabpm@yahoo.com, programapaec@yahoo.com, aguadabpm@yahoo.com

programapaec@yahoo.com, bpardaguadilla@yahoo.com, biblioteca. sanantonio@gmail.com, m.reyes@ac.gobierno.pr, bmeaguasbuenas@ gmail.com, aibonitoprensa@gmail.com, bpañasco@gmail. com, arecibobm@yahoo.com, municipioarroyo@yahoo.com, oficinaalcaldearroyo@yahoo.com, bmbarceloneta@gmail.com, bibliotecalectronica_se@yahoo.com, bmunicipalbarranquitas@hotmail. com, barranquitas8@hotmail.com, Gg1115@yahoo.com, bmbayamon@ yahoo.com, publicacaborojo@gmail.com, bpublica@hotmail.com, cedupalbizu@caguas.edu, bpublica@hotmail.com, cedupalbizu@caguas.edu, rodriguezdaisy1989@gmail.com, bpcamuy@ gmail.com, biblioteca_lacentral@yahoo.com, biblioteca_lacentral@yahoo. com, osibcarolina@gmail.com, redgigante@gmail.com, redgigante2@ gmail.com, centrodigitaldiamantinos@gmail.com, sabajolibrary@gmail. com, bibliotecabuenavista@gmail.com, bibliotecatrujillobajo@gmail.com, bibliotecasantacruz@gmail.com, buenaventurabiblioteca@gmail.com, bmadfcatano@yahoo.com, neyguz@yahoo.com, bmcayey@yahoo.com Eduelvita20022002@yahoo.com, bibliotecapublicaceiba@yahoo. com, bibliotecapublicaciales@yahoo.com, bemcidra@yahoo.com, bemcidra@yahoo.com, bemcidra@yahoo.com, bibliotecacoamo@ yahoo.com, comerio@br.inter.edu, nayda_nieves@msn.com,

bibliotecapublicacorozal@yahoo.com, lanovis66@gmail.com,
miescuelaamigadorado@gmail.com, grants@jsdcl.org, jstcl@coqui.net,
adametor@yahoo.com, bibliotecaflorida09@yahoo.com,
municipioflorida@yahoo.com, bpguanica@yahoo.com,
fany120@hotmail.com, bibliotecapublicagma@gmail.com,
bibliotecaguayanilla@gmail.com, juandomingoencarnacion@pr.org,
bpjegurabo@yahoo.com, bepedrolopez@gmail.com, carrizalesnuevas@
yahoo.com, Centro.tecnologico@yahoo.com, biblioteca@hormiguerospr.
net, psemh@yahoo.com, cciberneticoisabela@gmail.com, otma_jayuya@
yahoo.com, Myrna_jayuya@yahoo.com, bmjuanadiaz@hotmail.
com, bmjuncos@hotmail.com, bibliojuncoshhc@yahoo.com,
parguerabiblioteca@hotmail.com, bibliotecaelectronicalajas@gmail.com,
munlares@yahoo.com, bplasmarias@yahoo.com, bibliotecapueblo@
hotmail.com, federaleslp@gmail.com idpizarro@municipioloiza.
net, biblioteca@muninicipioloiza.net, crosario@luquillo.gobierno.
pr, bibliotecamunicipalfam@gmail.com, bpmaricao@yahoo.com,
bibliotecamaunabo@gmail.com bibliotecamayaguezpro@gov.com,
guardiola@hotmail.com,
ctm@municipiodemoca.com, info@municipiodemoca.com
bibliotecaelectronicamorovis@hotmail.com,
municipionaguabo@yahoo.com
programasfederales@gmail, bibpubnaranjito@gmailcom,
rosadomartin32@gmail.com, Cma_alcanza@yhotmailcom
jlortizlopez@yahoo.com, bibliotecapatillas@gmail.com
be_mpatillas@hotmail.com, municipio.penuelas@yahoo.com,
mfigueroa@penuelasonline.com, arte_penuelas@yahoo.com,
bibliotecaponce@gmail.com, efrain.colon@ponce.pr.gov, jsoler@
museoarteponce.org, biblioteca@museoarteponce.org
abaez@museoarteponce.org, Josem20031@hotmail.com
mquebradillaspr@gmail.com, emaphyl@hotmail.com

rramos@riograndepr.org, bibliotecasg@gmail.com
maryvelez@gmail.com, bibliotecasalinas@hotmail.com
oajsalinas@yahoo.com, r_peres@hotmail.com, rperez545@gmail.com
jhernandez@bibliotecacarnegie.org, bibciego@tld.net, mescalera@cmpr.
pr.gov, lcdl@prw.net, Jgomez_icp@gobierno.pr
csifcaimito@yahoo.com, patriota@onelinkpr.net,
info@yarlibrarysanjuan.org
cbendicion@live.com, oalvarez@mapr.org,
bibliotecasanlorenzo@gmail.com,
rene_rosado@hotmail.com, bpmsansebastian@hotmail.
com, bmunicipalsi@hotmail.com, bjbm_toabaja@yahoo.com,
Servicioseducativos@gmail.com
bputuado@gmail.com, bibpdelgado@yahoo.com, bibliotecavegaalta@
gmail.com, juntasubasta@vegabaja.gov.pr, finanzas@vegabaja.gov.pr,
bmunicipalvieques@gmail.com,
bmvillalba@hotmail.com, centrojuventud@hotmail.com, bmyabucoa@
yahoo.com, federales1@prtc.net, bibliotecaluisecatala@yahoo.com,
finanzas@vegabaja.gov.pr, anaroquebiblioteca@gmail.com,
zwindabadillo@yahoo.com

DRA. DAMALIN JUDITH DÍAZ SUÁREZ

www.ingramcontent.com/pod-product-compliance
Lightning Source LLC
Chambersburg PA
CBHW031822170526
45157CB00001B/154